大腦熱愛的

# 睡不著時可以看的
# 行銷學

監修

平野敦士卡爾

Carl Atsushi Hirano

瑞昇文化

U0080602

# 所謂行銷，
# 是不需要銷售嗎？

行銷是企業販售商品的方法，「那是促銷活動吧？和我沒關係！而且感覺很難。」許多人都有這種印象吧？

然而行銷和銷售並不一樣。有人說所謂行銷就是不需要銷售。在商品賣不出去的現代，行銷的重要性逐漸增加。無論創造多麼好的產品與服務，如果不符合社會的需求就賣不出去，無法提高利潤。

此外，廣告宣傳與口耳相傳（病毒行銷）也是，快速普及的智慧型手機、臉書和Instagram等社群媒體、Google等搜尋引擎，由於IT技術的進步，發生了複雜且根本性的變革。在網路廣告的世界由於廣告科技的科技進化，廣告的應有狀態逐漸急劇變化。

我長年來在早稻田大學商學院（MBA）教授最先進的IT行銷，不過行銷對一般人來說難以理解的最大原因是，SEO（搜尋引擎優化）等西洋文字太多，專業術語或是流行語可能太多。然而只要了解詞語的意思，內容本身不會太難，任何人都能理解。
因此在本書，即使是完全沒學過行銷的人，也能藉由插圖和包含許多對話的文章俯瞰行銷學的基礎。

具體而言，行銷是什麼？從這個疑問開始，從最基本的行銷組合STP、4P（MM）框架，到SWOT分析、3C分析、科特勒的競爭定

位、DAGMAR理論、全方位行銷、哈佛德－西斯購買行為模型、無限貨架，此外還有最新的數位行銷三種媒體、AIDMA／AISAS、列表廣告、SEO／SEM、廣告網路、DSP、快閃行銷、SERVQUAL模型、直接行銷，可以一口氣學到廣泛的最新行銷精髓。

透過本書對行銷產生興趣的人，請務必閱讀拙著《カール教授のビジネス集中講義　マーケティング（暫譯：卡爾教授的商業集中講義　行銷）》（朝日新聞出版），更加深入地學習。

另外不只行銷，想全面學習經營學的人，也一併閱讀本書的姊妹書《睡不著時可以看的經營學：大腦熱愛的速效學習。隨時隨地，翻翻你口袋中的經營學關鍵字！》（瑞昇），想必更能加深理解。

真誠地希望各位的行銷力能藉由本書顯著提升。

平野敦士卡爾
於熱海海風露台飯店
2018年夏

從零開始學！

# 睡不著時可以看的行銷學

Contents

## chapter.01
## 行銷為何存在？

## chapter.02
## 行銷的基本

## chapter.04
# 抓住
# 消費者的心
# 的行銷理論

# chapter.05
# 最新行銷理論

chapter.01

# 行銷為何存在？

教授

麻子小姐

將來夢想開花店的麻子小姐，
進入大學商學部就讀。
今天是第1堂課，
要來學習「行銷是什麼？」

# 01 話說行銷是什麼？

聽到行銷，有人會覺得：「這和銷售有何不同？」實際上它是一門怎樣的學問呢？

將來夢想開花店的麻子小姐，在大學選修了行銷的課程。麻子小姐聽到教授說：「銷售和行銷不一樣。」麻子小姐提出疑問：「那麼，行銷是怎樣的學問呢？」教授回答：「行銷是察覺社會的動向，提供符合的產品和服務。」

## 行銷和「銷售」不一樣

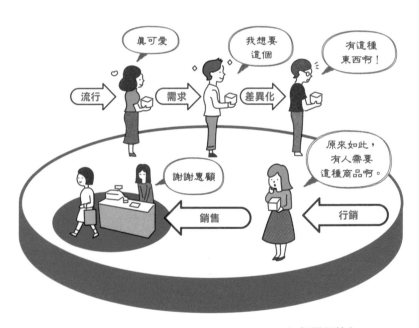

◎ 何謂行銷？

所謂行銷，是指提供人們想要的產品和服務，而銷售只不過是行銷的一部分。

教授接著說：「被稱為行銷之神的菲利普‧科特勒（Philip Kotler）博士，說行銷是指個人與集團透過產品及價值的創造與交換，滿足**需求**與**需要**的社會性、管理性的過程。所謂需求，是人類在生活上缺乏必要東西的狀態；至於需要的定義是，想要特定東西的慾望。換言之，行銷就是提供人們需要卻缺乏的東西或想要的東西。」

# 科特勒和杜拉克

●科特勒的行銷論

透過價值的
創造與交換，
滿足需求與
需要的過程。

**菲利普‧科特勒**
（1931～）

美國的經營學家、行銷學家。建構各種行銷理論，也被稱為「行銷之神」。

幫妳治療吧

幫你美白吧

牙齒好痛！

想讓牙齒變白

需求
缺乏狀態

需要
想要東西
的慾望

**滿足這些就是行銷**

●杜拉克提倡的「企業價值」

企業的目的是
創造顧客，
創新和行銷
非常重要。

**彼得‧杜拉克**
（1909～2005）

奧地利出身的美國經營學家、經營顧問、社會思想家。也被稱為「管理學之父」。

我想要
這個

我們有
製作這個

對對，
你們很清楚呢

這是什麼！
第一次見到

**行銷**
了解顧客的需求，符合的產品和服務自然會暢銷。

**創新**
創造出「前所未有的顧客需求」，產生全新的行動和價值，對市場與社會帶來變化。

11

# 02 ? 行銷學為何會誕生？

行銷是何時、由誰想出來、如何誕生的呢？

接著麻子小姐抱持疑問：行銷是如何誕生的呢？教授說：「行銷據說是20世紀初期在美國誕生的。當時鐵路與通訊網十分發達，美國全土變成市場，由於銷售網的整頓等『**在市場販售的方法論**變得必要』，行銷這個詞語變得被頻頻使用。」

## 行銷論的始祖

行銷的概念是在20世紀初的美國誕生。尤其肖和巴特勒這兩人，是這個領域知名的先驅。

在市場創造需求時需要市場分析

### 阿奇‧威爾金森‧肖
（1876～1962）

同時也是事務設備公司經營者的研究家，是企業行銷論的創始者。在1912年發表的論文〈市場流通的若干問題〉正是開端。

市場研究和商品研究同樣最為重要

「汀銷」的起源是三越的前身「三井越後屋吳服店」（越後屋）

### R.S.巴特勒
（1882～1971）

前P&G（寶僑）員工，將19世紀末到20世紀初的美國行銷實踐理論化。

摘自杜拉克著《管理的價值》

教授繼續說：「阿奇・威爾金森・肖（Arch Wilkinson Shaw）據說是行銷學的始祖。他在1912年發表的論文中提出『市場等高線』的概念，說明要在市場創造需求時需要市場分析。此外，R.S.巴特勒（R. S. Butler）也是行銷學黎明期的關鍵人物。他在1910年開始製作行銷學的相關教材，也在威斯康辛大學開設同名課程。」

## 行銷學誕生的背景

19世紀後半到20世紀初在美國發生的鐵路與通訊網發達，使得市場擴大，行銷學在這個契機下誕生。

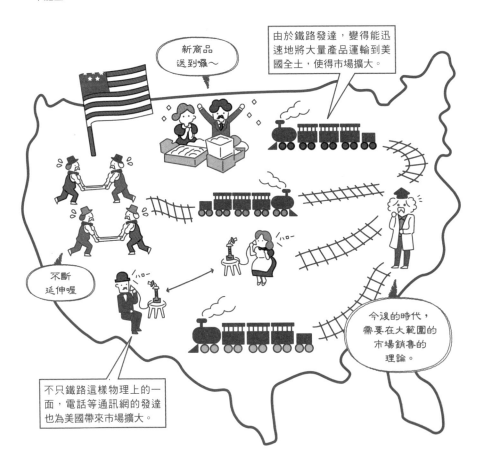

# 行銷的對象是誰？

所謂行銷是要對誰進行呢？並且，為何必須決定對象呢？

一名學生向教授提問：「行銷的對象是誰呢？」教授回答：「菲利普‧科特勒在他的著作中對於行銷的對象如此敘述。『行銷1.0』是大眾市場（所有一般大眾）；『2.0』是個別的消費者；在『3.0』，不只產品與服務在功能上、情感上的充足，還要藉由社會貢獻等尋求精神充足的消費者。」

## 行銷1.0～4.0是什麼？

**行銷1.0**
以產品為主的行銷。企業以大眾市場（一般大眾）為對象，盡量提供便宜高品質的產品，單方面的在電視等大眾媒體進行廣告宣傳。

**行銷2.0**
顧客導向的行銷。在商品和資訊都周到的狀況下，企業想要抓住個別消費者的「心」，進行雙向溝通。

教授繼續說：「此外科特勒在2014年提倡『行銷4.0』作為下一階段。IT時代到來，為了想要更穩固的存在感的人們，他主張應進行的行銷是，著眼於實現顧客的自我實現需求。從社會貢獻到自我實現，**行銷的對象每經過一個時代都會擴大**。」

行銷4.0
企業藉由提供產品與服務，個別消費者自己思考「想變成這樣」，訴諸自我實現需求的行銷。

我們會全力支援
您的夢想

我們會貼近
您的理想

我們一定會實現
這個願景

隨著工廠遷移
整頓了
綠地公園

使用關懷環境的
材料製作的

是這座城鎮的
休憩場所呢

我要使用

我們的目標是成為
能貢獻社會的企業

行銷3.0
對產品與服務尋求社會貢獻等精神充足的消費者，針對這種客群的行銷。

身為一名消費者
支持你們

# 04
**行銷時最重要的事情是什麼？**

行銷時最重要的事情為何？這是實踐前應確實掌握之處。

感覺明白了行銷為何的麻子小姐，向教授提問：「行銷時最重要的事情是什麼呢？」教授回答：「創造符合**顧客需求**的產品與服務，觸及需要這些的目標客層、如何讓他們購買、獲得信賴變成回頭客（繼續購買者），此外能否把優點傳達給身邊的人。」

## 一般行銷的流程

在行銷時，讓消費者認識、購買全新產品與服務的流程，一般而言以下的步驟最為理想。

②創造符合顧客需求的產品與服務
站在顧客的立場開發、創造產品與服務。

平常想要這種商品？

是啊～

完成了！

幹得好！

①掌握顧客的需求
透過聆聽和調查找出人們想要的東西。

麻子小姐繼續問：「該如何掌握需求呢？」教授回答：「要掌握需求，聆聽和調查非常重要。人一天24小時的時間內在看什麼？更進一步地說，如何讓關心的人看到，這些都得思考。自己是顧客的話會是如何？經常站在顧客的立場理解人的心理可以說非常重要。」

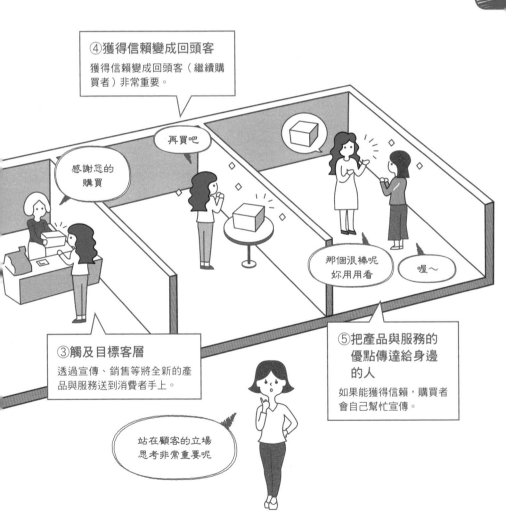

④獲得信賴變成回頭客
獲得信賴變成回頭客（繼續購買者）非常重要。

再買吧

感謝您的購買

③觸及目標客層
透過宣傳、銷售等將全新的產品與服務送到消費者手上。

⑤把產品與服務的優點傳達給身邊的人
如果能獲得信賴，購買者會自己幫忙宣傳。

那個很棒呢 妳用用看

喔～

站在顧客的立場思考非常重要呢

17

# 05 ？ IT時代的行銷是什麼？

IT時代的行銷的創新──「設計思考」是什麼呢？

麻子小姐問教授：「最近網路和社群網站等的影響力與日俱增，今後的行銷會變成IT時代嗎？」教授回答：「的確由於智慧型手機和社群媒體的普及，像朋友推薦的東西等，看到自己興趣範疇中沒有的東西，覺得有興趣的情形增加了。此外，創造出尚未表面化的需求也很重要。」

## 「創造」出需求也很重要

在今後的行銷，不只掌握需求，創造出需求也很重要。最近受到矚目的手法是「設計思考」。知名的iPod也是從設計思考的步驟中創造出來的。

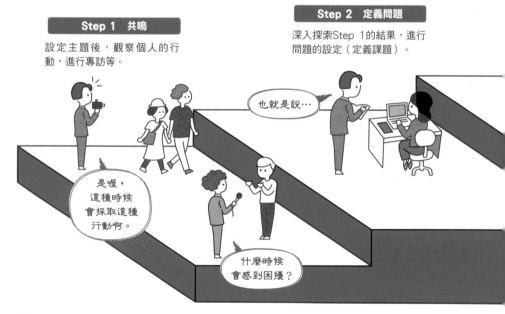

**Step 1　共鳴**

設定主題後，觀察個人的行動，進行專訪等。

**Step 2　定義問題**

深入探索Step 1的結果，進行問題的設定（定義課題）。

也就是說…

是喔，這種時候會採取這種行動啊。

什麼時候會感到困擾？

教授繼續說：「以前史蒂夫・賈伯斯（Steve Jobs）說過，『顧客不知道自己想要的東西』，不過這句話的背景有個想法是，在聆聽以往顧客心聲的行銷調查中，無法創造出無中生有的全新、劃時代的東西。打破這種局面的產品構思法，就是現在全球性企業矚目的**設計思考**。」

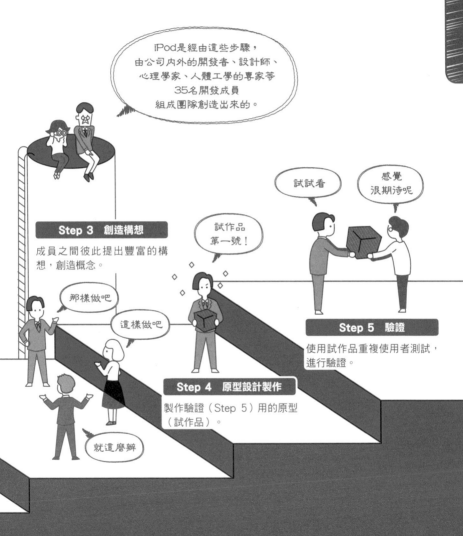

iPod是經由這些步驟，由公司內外的開發者、設計師、心理學家、人體工學的專家等35名開發成員組成團隊創造出來的。

**Step 3 創造構想**
成員之間彼此提出豐富的構想，創造概念。

那樣做吧

這樣做吧

就這麼辦

試作品第一號！

**Step 4 原型設計製作**
製作驗證（Step 5）用的原型（試作品）。

試試看

感覺很期待呢

**Step 5 驗證**
使用試作品重複使用者測試，進行驗證。

# 06 ? 不只商品的價值，消費者的滿意度也很重要

物品的價值是相對的。依照置身的情況，對消費者而言的物品價值將會改變。

教授說：「即使同樣的東西，依照狀況價值也會改變，大家知道這點嗎？」例如下大雨時你口渴想要買瓶裝水。要在步行10分鐘的店花100日圓購買？或是步行1分鐘的店花120日圓購買？或是在自家公寓的自動販賣機花150日圓購買？若是思考時間成本和在大雨中走路的勞力等，以比較貴的150日圓購買或許比較有價值。

## 總顧客價值－總顧客成本＝純顧客價值

純顧客價值不只商品的價值，也包含購買和消費行動等，將消費者的滿意度化為數值表示。

**總顧客價值**
除了商品價值、服務價值，顧客對商品期待的所有價值。

**總顧客成本**
如金錢、勞力和時間等，購買時所花的工夫與時間等成本的合計。

**純顧客價值**
將商品與服務具有多少價值化為數值。

「像這樣物品的價值是相對的。此外，菲利普‧科特勒不只將物品本身的價值，還將包含購買與消費活動的消費者滿意度化為數值變成**『純顧客價值』**。具體而言『總顧客價值』－『總顧客成本』＝『純顧客價值』。所謂總顧客價值，是顧客對產品或服務期待的價值總合，因此總顧客成本是為商品支付的費用，和購買時所花的工夫與時間等合計成本。」

# 4種價值和4種成本

● 總顧客價值

| 商品價值 | 服務價值 | 員工價值 | 形象價值 |
|---|---|---|---|
|  |  |  |  |
| 商品本身的信賴性、功能、設計、稀有性等。 | 商品附加的保養、維修和其他服務等。 | 在各個員工的接待態度或精神面的支援等。 | 企業具備的形象、品牌和商品的形象等。 |

● 總顧客成本

| 金錢成本 | 時間成本 | 勞力成本 | 心理成本 |
|---|---|---|---|
|  | |  |  |
| 除了商品的價格，還有維護費、配送、運輸費等。 | 交期為止的時間、交涉時間、掌握使用方法為止的時間等。 | 購買手續、帶回去的工夫、找出商品的勞力等。 | 第一次購買時的不安、付錢時的壓力等。 |

# 企業
# 為何存在？

　　彼得‧杜拉克（Peter Drucker）陳述：「企業的目的並非利潤。」那麼，企業是為何存在呢？企業為了持續活動當然需要利潤，不過最終，企業必須是為了讓社會變得更好而存在。

　　包含公司的遠景（願景）和具體的數字，要提供什麼給誰？具備何種使命（任務）？公司的經營者必須擁有經營理念。

　　如此決定經營理念後，接著要擬定「經營策略」，要在哪個事業領域實現。

　　所謂經營策略，是指根據經營理念的任務和願景，籌劃如何讓企業贏過其他公司，獲得長期的成功，主要有「策略計畫學派」、「創發策略學派」、「定位觀點」、「資源基礎觀點」、「賽局理論的方法」等5個經營策略論。並且，根據經營策略「企業如何提高營業額創造利潤」，產生事業活動的機制（商業模式）。

chapter.02

# 行銷的基本

麻子小姐在上週的課程中
學習了行銷的大略印象。
在今天的課程中，將會學習行銷的基本
——策略與分析。

# 01 最重要的是縮小目標

在行銷中目標最重要。縮小目標具有什麼意義呢？

麻子小姐詢問：「行銷的重點是什麼呢？」教授回答：「就是弄清目標，也就是STP。**首先在區隔**（區分）的階段，將市場依年齡、性別、地區、購買行動等各種視角分類。重點是依每種擁有同性質需求的顧客細分，弄清對自家公司而言具有意義的客層。換言之如果需求相同就不必區分。」

## 何謂STP？

行銷最大的重點是縮小目標。其中「STP行銷」是基本中的基本。

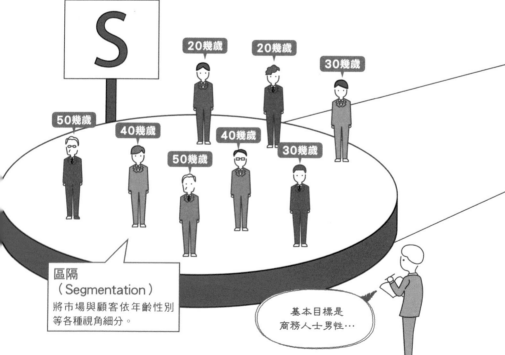

**S**

20幾歲　20幾歲　30幾歲

50幾歲　40幾歲　50幾歲　40幾歲　30幾歲

區隔
（Segmentation）
將市場與顧客依年齡性別
等各種視角細分。

基本目標是
商務人士男性…

教授又繼續說：「接著要進行**目標選擇**。為了有效地使用有限的經營資源，要決定接觸哪個部分。最後對於目標要進行**定位**，設法讓自家公司的產品與服務有明確的差異化。對目標明示商品的哪些優點、是否獲得認識、希望顧客如何認知，這些都要明確化。」

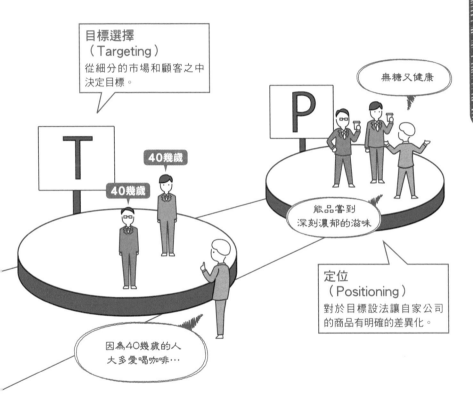

目標選擇
（Targeting）
從細分的市場和顧客之中決定目標。

無糖又健康

能品嘗到
深刻濃郁的滋味

定位
（Positioning）
對於目標設法讓自家公司的商品有明確的差異化。

因為40幾歲的人
大多愛喝咖啡…

40幾歲

40幾歲

◉ **定位圖**

定位時為了讓自家公司的定位明確，要製作定位圖。將業界用兩條主軸分析，例如服裝品牌ZARA的情況，以「功能性與時尚性」、「便宜與昂貴」這兩條主軸分析自家公司的定位。

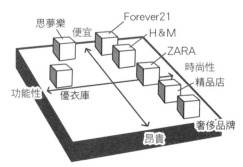

思夢樂
便宜
Forever21
H&M
ZARA
時尚性
精品店
功能性
優衣庫
奢侈品牌
昂貴

# 02 行銷的4P是什麼？

推動目標需要4P。將他們搭配起來正是行銷的關鍵。

教授說：「大家有沒有聽過**行銷組合**（MM）這個詞語？這是搭配推動目標的行銷4個要素展開。所謂4個要素，是指產品（Product，要賣什麼？）、價格（Price，要賣多少？）、流通（Place，要在哪裡販賣？）、宣傳（Promotion，如何讓人知道？），稱為**4P**。」

## 4P（MM）是什麼？

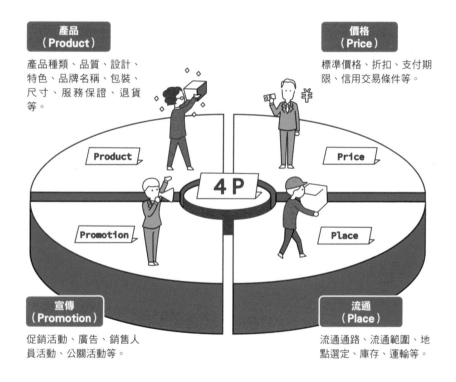

**產品（Product）**
產品種類、品質、設計、特色、品牌名稱、包裝、尺寸、服務保證、退貨等。

**價格（Price）**
標準價格、折扣、支付期限、信用交易條件等。

**宣傳（Promotion）**
促銷活動、廣告、銷售人員活動、公關活動等。

**流通（Place）**
流通通路、流通範圍、地點選定、庫存、運輸等。

「行銷組合是內爾‧波登（Neil H. Borden）在大約1950年所提出，4P則是艾德蒙‧傑羅姆‧麥卡錫（Edmund Jerome McCarthy）在1960年提倡的用語。雖然4P是重要的框架，卻是在STP（P.24）之後進行。這是因為，如果目標和定位改變，4P也會隨之變化。此外，4P終究是賣方的觀點，因此也有意見指出從買方觀點的**4C**來思考會比較好。」

## 重視買方目光的「4C」

因為「4P」是從賣方所見的觀點，所以也有意見指出應該以更貼近買方立場的「4C」來思考。

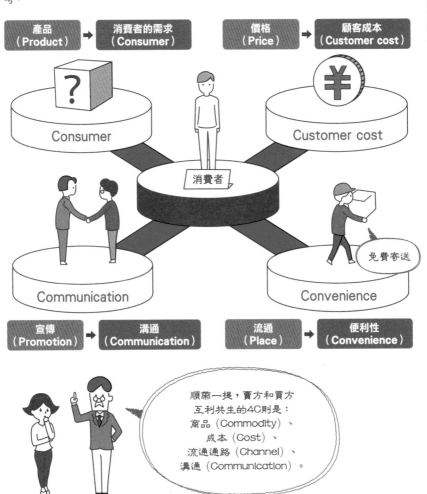

產品（Product）→ 消費者的需求（Consumer）

價格（Price）→ 顧客成本（Customer cost）

Consumer

Customer cost

消費者

Communication

Convenience

免費寄送

宣傳（Promotion）→ 溝通（Communication）

流通（Place）→ 便利性（Convenience）

順帶一提，賣方和買方互利共生的4C則是：
商品（Commodity）、
成本（Cost）、
流通通路（Channel）、
溝通（Communication）。

# 03 行銷的5個步驟

行銷需要策略。制定策略所需的步驟是什麼呢？

教授繼續說明：「行銷策略是藉由弄清『對誰、把什麼、在哪裡、用多少錢、如何販售』來制定的。①調查（R）；②弄清目標（STP）（P.24）；③行銷組合（MM，4P）（P.26）；④行銷策略的目標設定與實施（I）；⑤監測管理（C），決定這5個步驟就叫做**行銷策略制定**。」

## 科特勒提倡的R、STP、MM、I、C

行銷策略是弄清「對誰、把什麼、在哪裡、用多少錢、如何販售」，根據經營策略制定。

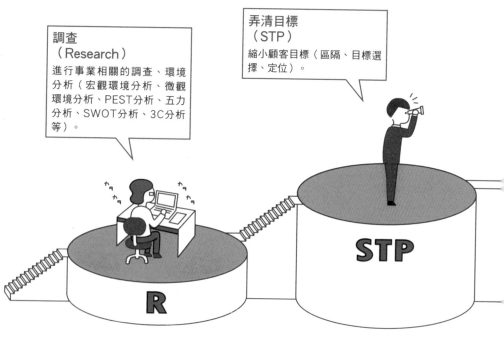

**弄清目標（STP）**
縮小顧客目標（區隔、目標選擇、定位）。

**調查（Research）**
進行事業相關的調查、環境分析（宏觀環境分析、微觀環境分析、PEST分析、五力分析、SWOT分析、3C分析等）。

STP

R

「菲利普‧科特勒將這5個步驟稱為**行銷管理流程**。這些步驟要是缺了一個就沒有效果。例如不做調查（R）就想進行目標選擇，根據臆測和期望的觀測會變成錯誤的市場選擇。行銷管理流程整體確實實行非常重要。」

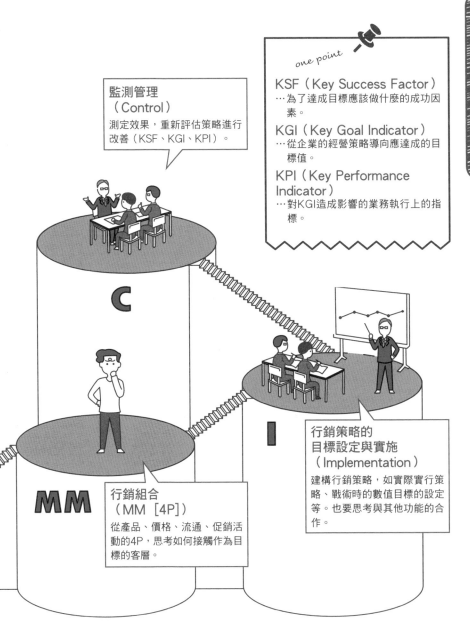

監測管理
（Control）
測定效果，重新評估策略進行改善（KSF、KGI、KPI）。

one point

KSF（Key Success Factor）
…為了達成目標應該做什麼的成功因素。

KGI（Key Goal Indicator）
…從企業的經營策略導向應達成的目標值。

KPI（Key Performance Indicator）
…對KGI造成影響的業務執行上的指標。

C

I

行銷策略的
目標設定與實施
（Implementation）
建構行銷策略，如實際實行策略、戰術時的數值目標的設定等。也要思考與其他功能的合作。

MM

行銷組合
（MM［4P］）
從產品、價格、流通、促銷活動的4P，思考如何接觸作為目標的客層。

# 04 確認自家公司的定位

藉由「外部分析」與「內部分析」掌握自家公司的定位,就能擬定有效的策略。

麻子小姐向教授提問:「制定策略時,首先應該做什麼?」教授回答:「先從正確地掌握自家公司現在置身的狀況開始吧。隨著企業不同應該研究的重點會不一樣,不過例如匯率、原料漲價或法律修正等,影響企業策略的要素非常多。分析現況的方法,大致分成**外部分析**與**內部分析**。」

## 影響企業策略的要素的例子

企業置身的狀況會依照外部的各種因素而改變。

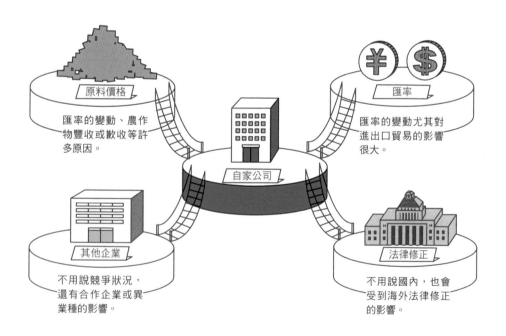

原料價格
匯率的變動、農作物豐收或歉收等許多原因。

匯率
匯率的變動尤其對進出口貿易的影響很大。

自家公司

其他企業
不用說競爭狀況,還有合作企業或異業種的影響。

法律修正
不用說國內,也會受到海外法律修正的影響。

所謂外部分析，是對公司事業造成影響的外部因素的相關分析。可以想到人口、政治、經濟、環境、技術和文化等宏觀環境，和市場動向等微觀環境。另一方面，內部分析是銷售力和商品開發力等自家公司的優缺點，有無資金或人才等公司內部因素的相關分析。進行分析時，得不斷思考是否為自家公司的策略帶來影響的因素再行研究。

## 外部分析與內部分析是什麼？

外部分析與內部分析主要利用以下手法。由於隨著企業不同應研究的重點也不一樣，所以分析時得思考是否為自家公司的策略帶來影響的因素。

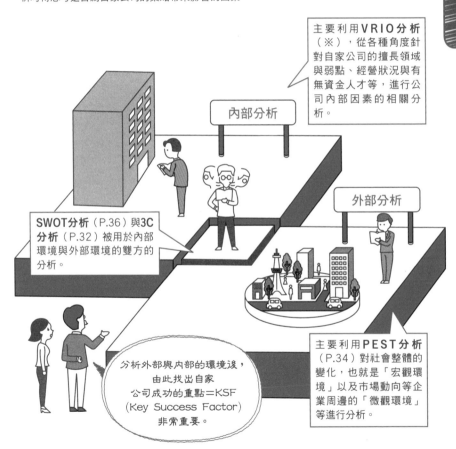

主要利用VRIO分析（※），從各種角度針對自家公司的擅長領域與弱點、經營狀況與有無資金人才等，進行公司內部因素的相關分析。

內部分析

外部分析

SWOT分析（P.36）與3C分析（P.32）被用於內部環境與外部環境的雙方的分析。

主要利用PEST分析（P.34）對社會整體的變化，也就是「宏觀環境」以及市場動向等企業周邊的「微觀環境」等進行分析。

分析外部與內部的環境後，由此找出自家公司成功的重點＝KSF（Key Success Factor）非常重要。

※VRIO分析…企業擁有哪些經營資源，或者是否具備活用的能力，從價值（Value）、稀少性（Rarlity）、難以模仿性（Imitability）、組織（Organization）等4個視角分析的手法。

# 05 從3個觀點分析自家公司的現況

分析自家公司是掌握事業成功的關鍵。充分掌握自家公司的「優勢」和「劣勢」吧！

一名學生向教授提出問題：「有沒有分析自家公司狀況的方法？」教授回答：「有一個**3C分析**的框架能從市場與顧客（Customer）、競爭者（Competitor）、自家公司（Company）的3個視角分析自家公司的現況。市場與顧客和競爭者是外部分析，自家公司則是內部分析。由外而內，依市場與顧客、競爭者、自家公司的順序進行分析。」

## 何謂3C分析？

3C分析中，要以「市場與顧客」、「競爭者」、「自家公司」的3個觀點分析自家公司的現況。以下為某間企業進入罐裝咖啡市場之時，應用3C分析的概念圖。

主要的客層是20～30幾歲的商務人士

需求是在工作的空檔休息一下，要微糖，健康。

**市場與顧客（Customer）**
分析該事業的市場規模、市場的成長性、決定購買者、對購買行動帶來影響的因素（價格、品質、設計、品牌）等，掌握有哪些顧客存在。

◉ 還有「4C」的情況
除了上述的3C，為了注意到與其他公司結盟，有時會加上「合作業者（Cooperator）」變成4C。

教授繼續說：「透過市場與顧客，掌握自家公司事業中的潛在顧客；透過競爭者分析自家公司事業上競爭的企業。並且，依據這些分析自家公司的優勢和劣勢、現在的策略、業績、有無經濟資源。觀察分析結果，注意成功因素會隨著市場變化如何改變，並且思考今後在市場上成功的因素為何。」

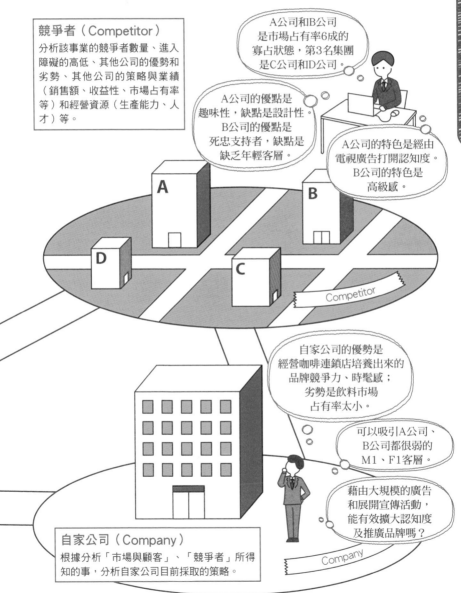

競爭者（Competitor）

分析該事業的競爭者數量、進入障礙的高低、其他公司的優勢和劣勢、其他公司的策略與業績（銷售額、收益性、市場占有率等）和經營資源（生產能力、人才）等。

A公司和B公司是市場占有率6成的寡占狀態，第3名集團是C公司和ID公司。

A公司的優點是趣味性，缺點是設計性。B公司的優點是死忠支持者，缺點是缺乏年輕客層。

A公司的特色是經由電視廣告打開認知度。B公司的特色是高級感。

自家公司的優勢是經營咖啡連鎖店培養出來的品牌競爭力、時髦感；劣勢是飲料市場占有率太小。

可以吸引A公司、B公司都很弱的M1、F1客層。

藉由大規模的廣告和展開宣傳活動，能有效擴大認知度及推廣品牌嗎？

自家公司（Company）

根據分析「市場與顧客」、「競爭者」所得知的事，分析自家公司目前採取的策略。

# 06

## 分析社會的變化 預測未來

社會的變化會對公司的經營狀況造成影響。假如能分析社會的變化，或許就能預測未來。

教授說：「**PEST分析**這個手法是從四個視角分析圍繞事業外部的宏觀環境。P是指政治（Politics）、E是經濟（Economics）、S是社會（Society）、T是技術（Technology）。從社會將自然與能源等環境面的E（Ecology）分離出來，有時稱為**PESTE**。無論如何，這是為了分析社會變化如何影響自家公司經營的工具。」

## 何謂PEST分析？

經由PEST分析寫出4個視角時，不只現狀，
預測3～5年後非常重要。

政治（Politics）
與商業有關的法律限制或放寬、國內外的政治動向等。

如何在這個業界獲得成功？

經濟（Economics）
景氣與物價的動向、GDP成長率、匯兌與利率、平均所得水準等。

社會（Society）
人口動態、環境、流行、生活方式與文化的變遷等。

技術（Technology）
對商業造成影響的新技術的開發與完成、投資動向等。

「政治是各種政策與法規、限制的放寬與加強、環境、外交等。經濟是景氣動向、物價變動、GDP（國內生產毛額）成長率、利率、失業率、平均所得水準等。社會是人口動態、環境、生活方式與文化的變遷、教育、輿論等。技術是新技術的開發與完成、對新技術的投資動向等。雖然從這些要素進行分析，不過即使是社會上的重要大事，如果不影響自家公司就不必記載。」

## 使用PESTE分析的風險評估圖

進行PESTE分析時，假如製作如下圖的「風險評估圖」，就能看清必須先處理的事情。

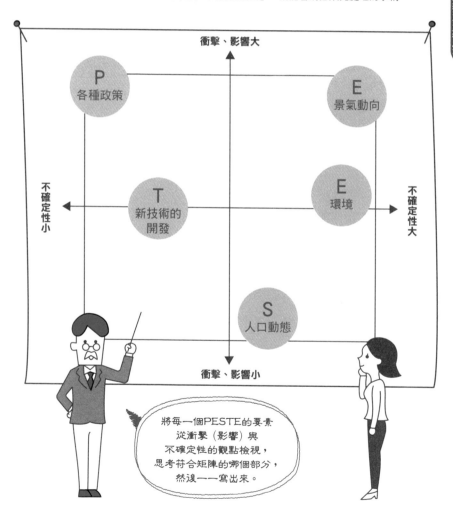

衝擊、影響大

P
各種政策

E
景氣動向

不確定性小

T
新技術的開發

E
環境

不確定性大

S
人口動態

衝擊、影響小

將每一個PESTE的要素從衝擊（影響）與不確定性的觀點檢視，思考符合矩陣的哪個部分，然後一一寫出來。

# 07 從4個現象掌握自家公司的現況

有種框架不僅能掌握自家公司的現況，還能活用於策略制定。

教授繼續說明：「**SWOT分析**是用來分析圍繞事業的內部環境與外部環境的手法。優勢（Strength）、劣勢（Weakness）等內部因素，機會（Opportunity）與威脅（Threat）等外部因素，合計分析4個因素。首先，製作寫了優勢、劣勢、機會、威脅的外框，依機會、威脅、優勢、劣勢的順序填寫。在填寫時就能整理自家公司的狀況。」

## 何謂SWOT分析？

SWOT分析是從自家公司的優勢（Strength）與劣勢（Weakness）、外部的機會（Opportunity）與威脅（Threat），思考自家公司策略的手法。關於機會與威脅，預測寫下大約2～3年後是重點。

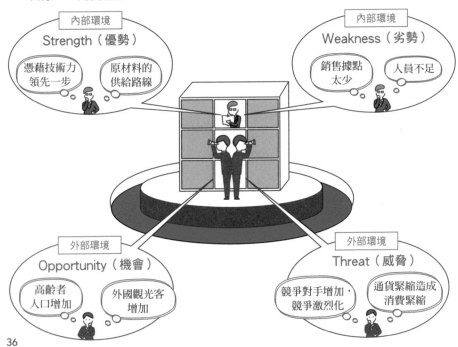

「這個分析的重點是，在SWOT各自的現象中，決定自家公司該如何應變。這時接著要進行**交叉SWOT分析**。從SWOT分析導出的4個因素以『機會×優勢』、『機會×劣勢』、『威脅×優勢』、『威脅×劣勢』相乘思考，實行自家公司的現況分析，並活用於策略制定。」

## 交叉SWOT分析的例子

在SWOT分析導出的4個因素，以機會×優勢、機會×劣勢、威脅×優勢、威脅×劣勢來相乘思考就是交叉SWOT分析。以下為餐廳的例子。

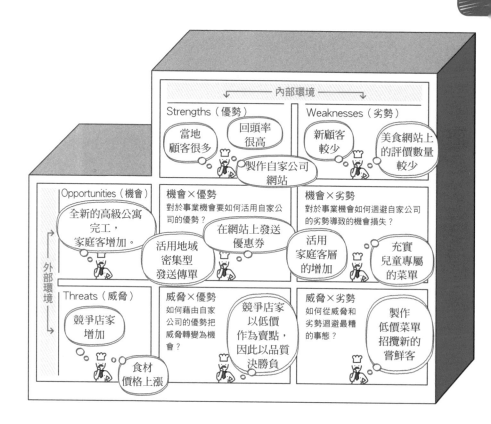

# 08 分析業界的競爭狀態

考慮進入新市場時，掌握業界的競爭情況非常重要。怎麼做才能分析競爭情況呢？

又有其他學生提出問題：「有沒有方法能夠分析業界的競爭情況呢？」教授回答：「麥可・波特（Michael E. Porter）研究的**五力分析**是知名的業界分析的框架。波特認為是否會賺錢，是由進入哪個產業或業界來決定。分析市場與競爭對手，挑選會賺錢的業界非常重要，因為這個想法而設計出來。」

## 何謂五力分析？

五力分析在判斷進入新事業或從現有事業撤退時非常有效。

**②買方的交涉力**
所謂買方是指終端使用者或零售店等販售業者。例如買方轉移到其他同業公司的商品的成本很低，就表示買方的交涉力高，不易提高利潤。

**④代替品的威脅**
例如代替品（與自家公司產品滿足相同需求的其他商品）的性能與品質低劣，代替品的威脅較少，便容易提高利潤。

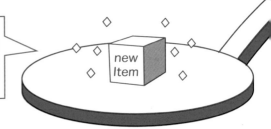

在五力分析中，5個因素決定業界的競爭狀態。這些因素是業界內的其他競爭公司、買方的交涉力、賣方的交涉力、代替品的威脅、新加入業者的威脅。哪個因素會對業界帶來影響，依業界而有所不同。找出重要的因素，正確理解該業界的狀態，就能思考控制什麼能緩和競爭，能否獲得收益。

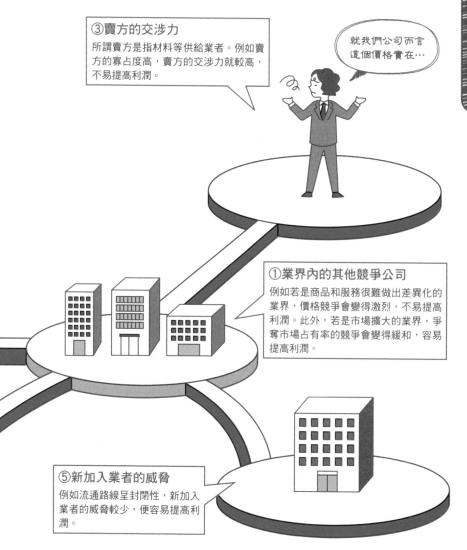

③賣方的交涉力
所謂賣方是指材料等供給業者。例如賣方的寡占度高，賣方的交涉力就較高，不易提高利潤。

就我們公司而言這個價格實在⋯

①業界內的其他競爭公司
例如若是商品和服務很難做出差異化的業界，價格競爭會變得激烈，不易提高利潤。此外，若是市場擴大的業界，爭奪市場占有率的競爭會變得緩和，容易提高利潤。

⑤新加入業者的威脅
例如流通路線呈封閉性，新加入業者的威脅較少，便容易提高利潤。

# 09 從競爭與比較了解 自家公司的優勢與劣勢

要了解自家公司的優勢,與競爭對手比較是最好的方法。此外,
了解自家公司的劣勢,也有助於改善。

最後麻子小姐考慮到將來要經營花店,她詢問分析競爭店家和自己店面的方法。教授回答:「利用麥可・波特在1970年代提倡的**價值鏈**這個框架,能將公司的事業活動依每種功能分類,並且分析哪種功能可以創造出附加價值。這也可說是哪個功能可以導出自家公司優勢的手法。」

## 何謂價值鏈分析?

波特提倡的價值鏈分析,是將企業的
事業活動分成主活動和支援活動來思
考的手法。

進貨物流
Inbound Logistics
※從原材料的採購到配送。

製造營運
Operations

出貨物流
Outbound
Logistics

教授繼續說：「首先，事業活動分成**主活動**和**支援活動**。這個作業不只自家公司，也會進行其他競爭公司的部分，兩方比較過後，就能掌握自家公司的優勢與劣勢，有助於策略制定。並且，制定策略時所使用的正是波特的**3個基本策略**，成本、差異化、集中等3個基本策略之中，在選擇任一個之後，再來思考哪個功能會創造出附加價值即可。」

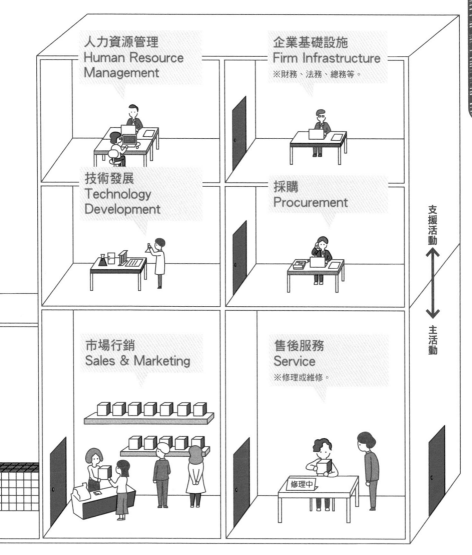

# 活用

# 整理資訊的框架

　　企業整理資訊等所使用的框架叫做「frame-work」。可以想成解開數學問題時使用的公式。不過框架之中有隨著時代變得過時的，或是阻礙靈活創意的類型。目前為止使用的框架經過漫長歲月大多仍具有有效性，因此請妥善運用吧！

　　在「框架」中，有分析自家公司現況時所使用的SWOT分析和3C分析、想整理圍繞業界整體的環境相關資訊時有幫助的PEST分析等各種類型。另外，還有一概稱為資訊整理，但以哪個視角整理才是重點，這時能作為參考的「框架」。此外，從整理過的資訊學到什麼，並且如何實行也很重要。

　　以各個視角分析、研究資訊後，搭配從各個「框架」啟發的策略方案，建構最適合自家公司狀況的策略方案正是關鍵。

chapter.03

# 各種行銷
# 策略和觀點

啟太

麻子小姐在大學課程中
對行銷產生興趣,
她向經營公司的「啟太」請教
行銷的各種策略和觀點。

# 01 要在市場的哪個位置競爭？

關於行銷的基本，麻子小姐感覺已經明白了。她終於要學習行銷策略了。

麻子小姐的夢想是開花店。啟太提到發展事業時行銷策略的重要性，向麻子小姐開始說明：「妳知道**定位策略**嗎？這是用來決定要在市場的哪個位置競爭。這是經營行銷諮詢公司的阿爾·里斯（Al Ries）和傑克·特勞特（Jack Trout），在1981年出版的共同著作《定位策略》中所寫的觀點。」

## 何謂市場占有率？

前述的菲利普·科特勒從市場占有率的觀點，將企業的定位分成以下4種。

①市場領導者
業界頂尖的企業。

③市場追隨者
模仿上位企業並且追隨，第3名以下的企業。

②市場挑戰者
瞄準第一名寶座的第2名企業。

④市場利基者
不和上位企業競爭，在利基的領域奮鬥的企業。

「在定位中，必須思考**市場占有率**和**心靈占有率**這2者。市場占有率是自家公司產品在市場上占有的比率，一般也稱作市場份額。另一方面，心靈占有率是追求自家公司產品在顧客心中具有多少程度的存在感。要取得市場占有率，取得心靈占有率非常重要，這是里斯和特勞特等人的觀點。」

## 何謂心靈占有率？

心靈占有率是本文中里斯和特勞特等人提倡的觀點，
追求「在顧客心中具有多少程度的存在感」。

說到杯麵會想到？
合味道

說到OK繃會想到？
BAND-AID

說到便利貼會想到？
Post-it

說到碳酸飲料會想到？
可口可樂

……「說到○○會想到什麼？」聽到這個問題時，最先想到的東西可說是「心靈占有率較高的商品」。

# 02 按照業界內的地位使策略不同？

想開一間小花店的麻子小姐，首先要了解按照各自地位的行銷策略。

麻子小姐自己想開花店，但是因為店面很小，擔心今後不知會是如何，因而感到不安。啟太對麻子小姐陳述了科特勒所提倡的**競爭定位**。這個觀點是把自家公司在業界內的地位分類成「領導者」、「挑戰者」、「追隨者」、「利基者」，按照各自的地位選擇行銷策略。

## 4種競爭定位

科特勒將企業在業界內的地位分成4種，說明想要在競爭中勝出，選擇按照各自地位的策略非常重要。

**應採取的策略　4P**

[目標] 高利潤率／穩定的營業額／一定的成長
[方針] 生存領域整體的差異化
[4P策略] 狹窄深入

[產品] 狹窄
[價格] 貴
[流通] 差異化
[宣傳] 縮小範圍

市場追隨者

無論如何都必須生存…

市場利基者

首先目標是成為業界第二！

暫且模仿賺錢吧

距離第一名相當遙遠呢

**應採取的策略　4P**

[目標] 生存
[方針] 某種程度的利潤與成長／領導者產品的低價格代替品
[4P策略] 降低成本

[產品] 模仿的產品／淺薄
[價格] 便宜
[流通] 重視低價格
[宣傳] 限定

「領導者」是業界市占率第1名的企業。「挑戰者」是業界市占率第2名以下，以第1名為目標的企業。「追隨者」是市占率第3名以下的企業，沒有以第1名為目標。然後「利基者」雖是中小企業，但在業界中大型企業沒有進入的市場，建立起獨自地位的企業。麻子小姐要開的小店，或許必須擬定利基者獨有的策略。

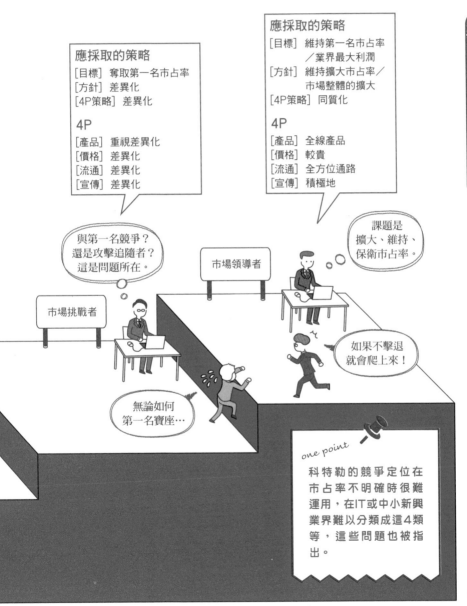

應採取的策略
[目標] 奪取第一名市占率
[方針] 差異化
[4P策略] 差異化

4P
[產品] 重視差異化
[價格] 差異化
[流通] 差異化
[宣傳] 差異化

應採取的策略
[目標] 維持第一名市占率／業界最大利潤
[方針] 維持擴大市占率／市場整體的擴大
[4P策略] 同質化

4P
[產品] 全線產品
[價格] 較貴
[流通] 全方位通路
[宣傳] 積極地

與第一名競爭？還是攻擊追隨者？這是問題所在。

市場領導者

課題是擴大、維持、保衛市占率。

市場挑戰者

如果不擊退就會爬上來！

無論如何第一名寶座…

one point
科特勒的競爭定位在市占率不明確時很難運用，在IT或中小新興業界難以分類成這4類等，這些問題也被指出。

# 03 有限的資金能分配到哪個事業？

有限的事業資金該如何分配才好，正是煩惱的根源。看清現況然後思考吧！

麻子小姐在思考有限資金的分配方法，啟太說：「在一般企業，許多企業嘗試 **PPM**（產品組合管理），掌握每個產品的現況，設法確保企業整體取得平衡的成長與利潤。這是由BCG（波士頓諮詢公司）所提倡的。」

## 何謂PPM（產品組合管理）？

PPM是進行多項事業的企業，決定如何分配事業資金等時候所使用的經營理論。縱軸是「市場成長率」、橫軸是「市場占有率」，將事業分類成以下4類。

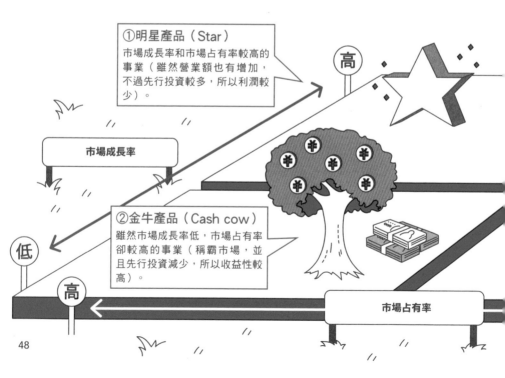

①明星產品（Star）
市場成長率和市場占有率較高的事業（雖然營業額也有增加，不過先行投資較多，所以利潤較少）。

市場成長率

②金牛產品（Cash cow）
雖然市場成長率低，市場占有率卻較高的事業（稱霸市場，並且先行投資減少，所以收益性較高）。

高

低

高

市場占有率

「在PPM，將自家公司產品的市場成長率和市場占有率（市占率）畫成矩陣表，將各產品分類成明星產品（投資成本高的人氣商品）、金牛產品（投資成本低的人氣商品）、問題產品（投資成本高，市占率低的商品）、落水狗產品（投資成本和市占率都低的商品），並且繪製出來。藉此應該就會明白自家公司應採取的基本策略、以及如何分配事業資金。」

PPM淺顯易懂的另一方面，也有人批評就事業策略而言過於單純。另外，即使是分類成落水狗產品或問題產品的領域，有時也是維持「明星產品」和「金牛產品」的市占率的必要事業，因此無法做出立刻撤退的判斷。

落水狗好可憐…

③問題產品（Problem child）
雖然市場成長率高，不過市場占有率較低的事業（必須趁市場成長率高的時候，以成為明星產品為目標進行先行投資）。

④落水狗產品（Dog）
市場成長率和市場占有率都很低的事業（因為市場成長率低，所以挽回市占率的機會很少。注定挫敗）。

低

# 04

# 「普及率16％的障礙」
# 是什麼？

麻子小姐學習行銷學之後，對於某些詞語很在意，於是向啟太發問。

麻子小姐看報紙時看到「**普及率16％的障礙**」的句子，於是向啟太詢問。啟太回答：「顯示新產品與技術以何種趨勢在社會上普及的革新者理論中，高科技產品特有的現象。通稱**鴻溝**，高科技產品的新商品問世時，很難跨越普及率16％的障礙，這就是指這種現象。」

## 革新者理論與鴻溝

美國的行銷諮詢師傑佛瑞・摩爾（Geoffrey A. Moore）講述，如果是高科技產品，會面臨「又大又深的鴻溝」，也就是不易越過普及率16％的障礙。

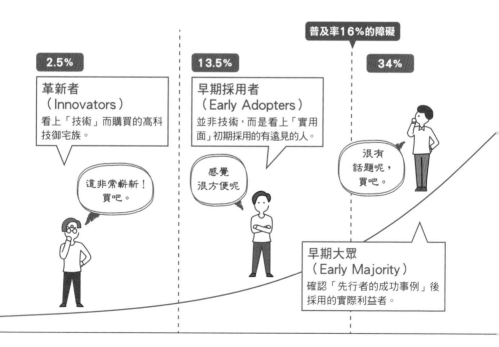

新產品與新技術是依革新者、早期採用者、早期大眾、晚期大眾、落後者的順序推廣。想要超越鴻溝，就必須受到最多數派早期大眾的支持。其中關鍵是在早期採用者之間普及。對於早期大眾和早期採用者需要不同的行銷策略。

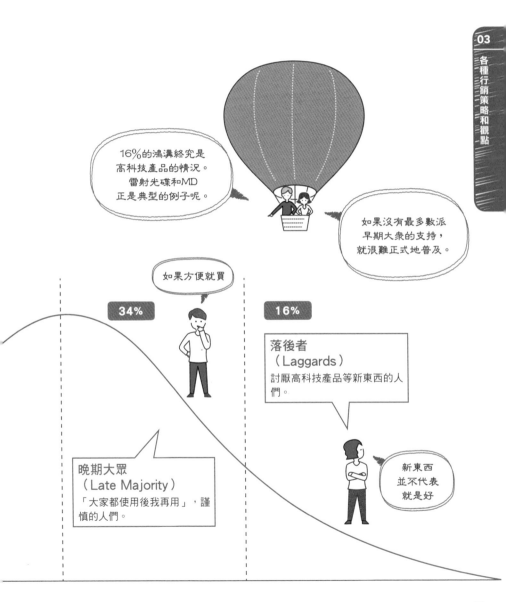

16%的鴻溝終究是高科技產品的情況。雷射光碟和MD正是典型的例子呢。

如果沒有最多數派早期大眾的支持，就很難正式地普及。

如果方便就買

34%

16%

落後者
（Laggards）
討厭高科技產品等新東西的人們。

晚期大眾
（Late Majority）
「大家都使用後我再用」，謹慎的人們。

新東西並不代表就是好

# 05 產品也有壽命嗎？

花朵枯萎就沒有價值。麻子小姐在思考世上流通的產品是否也有壽命。

麻子小姐很在意「產品是否也有壽命？」於是詢問啟太。啟太問她：「妳聽過**產品生命週期**嗎？」經濟學家喬爾・迪恩（Joel Dean）在1950年論文發表的產品生命週期，這個觀點認為所有產品與市場從誕生到衰退有個週期，掌握自家公司產品處於哪個階段就能作為策略制定的參考。

## 何謂產品生命週期？

產品具有從誕生到衰退的走向。
即使在衰退期投放廣告或進行促銷活動也沒什麼意義。

導入期
（Introduction phase）
雖是營業額和利潤較低的狀態，但是必須投入廣告宣傳費等進行宣傳，很有可能變成赤字。

成長期
（Growth phase）
雖然市場規模擴大，不過其他競爭公司也因此增加，所以在市場變成知名品牌，獲得許多市占率是重要目標。

產品會走向4個時期。某家企業讓新產品面世的「導入期」；營業額與利潤急速成長，競爭也增加的「成長期」；營業額的成長停滯，與對手公司的競爭變激烈的「成熟期」；由於代替品登場等使得營業額與利潤下降，許多企業撤退的「衰退期」。依照產品處於哪個階段，應採取的策略將會改變。從成長期突然陷入衰退期，或是應該處於成熟期的產品有時會再度迎接成長期，因此必須注意。

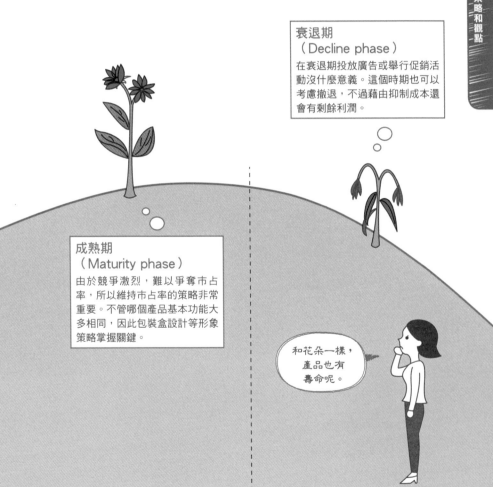

衰退期
（Decline phase）
在衰退期投放廣告或舉行促銷活動沒什麼意義。這個時期也可以考慮撤退，不過藉由抑制成本還會有剩餘利潤。

成熟期
（Maturity phase）
由於競爭激烈，難以爭奪市占率，所以維持市占率的策略非常重要。不管哪個產品基本功能大多相同，因此包裝盒設計等形象策略掌握關鍵。

和花朵一樣，產品也有壽命呢。

# 06 何謂紅海、藍海？

麻子小姐忽然想到一個主意，就是開花店以外的店。她開始尋找沒有競爭對手的業界。

麻子小姐靈機一動，開始摸索開花店以外沒有競爭對手的店，於是啟太開始說明**藍海策略**。「所謂藍海策略，是指創造出沒有競爭的未知市場（藍海），同時實現低成本和差異化，藉此提高利潤的策略。反之競爭激烈，展開浴血奮戰的市場則稱為**紅海**。」

## 何謂藍海策略？

許多企業在競爭對手很多的紅海每天展開競爭。這時創造出沒有競爭對手的領域就是藍海策略。

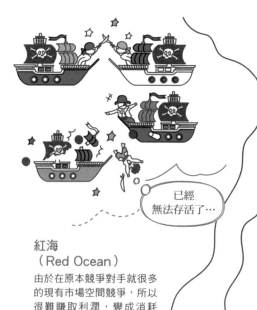

**紅海**
**（Red Ocean）**
由於在原本競爭對手就很多的現有市場空間競爭，所以很難賺取利潤，變成消耗戰。

已經無法存活了…

**藍海**
**（Blue Ocean）**
藉由創造出沒有競爭的未知市場，同時實現低成本和差異化，提高利潤。

在藍海策略中，會利用**戰略布局圖**這個工具進行市場分析。業界各家公司致力於抓住顧客為橫軸，能獲得顧客的價值程度以縱軸表示，製作價值曲線圖。這張圖表依業界標準、對手公司、自家公司的模式來製作，就能得知業界與自家公司置身的狀況。藉由製作不與其他公司重複的價值曲線圖，應該就能獲得發現「藍海」的提示。

# LCC（廉價航空公司）的藍海策略

藍海策略的知名例子有1967年在美國設立的西南航空。該公司徹底進行削減成本，實現了傳統的航空公司不可能的低價格。

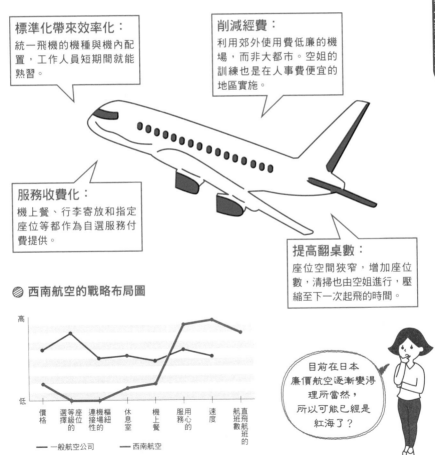

**標準化帶來效率化：**
統一飛機的機種與機內配置，工作人員短期間就能熟習。

**削減經費：**
利用郊外使用費低廉的機場，而非大都市。空姐的訓練也是在人事費便宜的地區實施。

**服務收費化：**
機上餐、行李寄放和指定座位等都作為自選服務付費提供。

**提高翻桌數：**
座位空間狹窄，增加座位數，清掃也由空姐進行，壓縮至下一次起飛的時間。

◎ 西南航空的戰略布局圖

高

低

| 價格 | 選擇等級的座位 | 連接性的機場紐接 | 樞紐 | 休息室 | 機上餐 | 服務用心的 | 速度 | 航班數的直飛航班 |

— 一般航空公司　— 西南航空

目前在日本廉價航空逐漸變得理所當然，所以可能已經是紅海了？

# 07 創造「場所」能提高利潤？

為了成功，麻子小姐開始覺得學習成功的部分是最快的方法。她想要了解勝利組企業的經營策略。

麻子小姐開始在意勝利組企業進行何種經營策略。啟太向麻子小姐開始說明平台式戰略®。「所謂**平台式戰略**®，是將相關企業與集團放在場所＝平台上，建構新事業的生態系統的經營策略。這種經營策略的觀點，舉例來說，並非由一個人賺1億日圓，而是由10個人賺100億日圓，每1人的利潤會是10倍。」

## 購物中心的平台式戰略®

平台式戰略®是創造「場所（平台）」，讓許多人與企業參加，不只自家公司持有的資源，而是利用所有人與企業的力量成長，重視「結盟（合作）」的策略。購物中心也可說是平台式戰略®之一。

※平台式戰略®是株式會社NetStrategy的註冊商標。

利用這個模式成功的知名企業有Google、臉書、亞馬遜、樂天等。企業參加其他公司的平台時，必須注意「平台的蠻橫」。平台增強實力後，很有可能發生①使用費調漲；②垂直整合；③與使用者的關係弱化等問題。因此仔細制定自家公司的策略，再參加其他公司的平台非常重要。

# 建構平台的9個框架

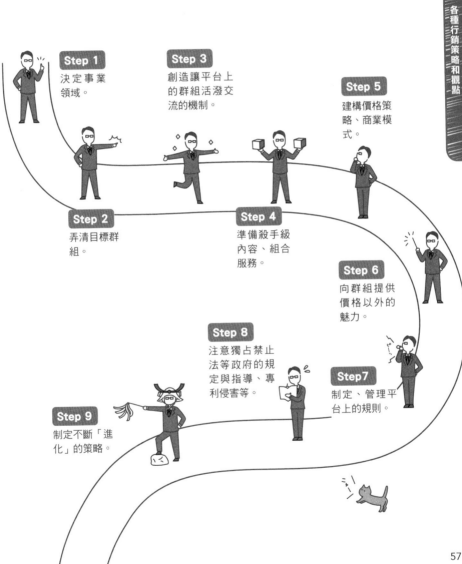

**Step 1**
決定事業領域。

**Step 3**
創造讓平台上的群組活潑交流的機制。

**Step 5**
建構價格策略、商業模式。

**Step 2**
弄清目標群組。

**Step 4**
準備殺手級內容、組合服務。

**Step 6**
向群組提供價格以外的魅力。

**Step 8**
注意獨占禁止法等政府的規定與指導、專利侵害等。

**Step7**
制定、管理平台上的規則。

**Step 9**
制定不斷「進化」的策略。

# 08 免費服務為何能獲利？

麻子小姐沉迷於某款手機App，她感到疑惑：為什麼是免費的？這個機制是什麼呢？

啟太開始說明免費服務的策略：「**免費策略**是從克瑞斯·安德森（Chris Anderson）的著作一舉成名的免費商業模式，合計有4種模式。首先第一個是，某樣東西買一送一的直接內部交叉補貼模式。第二個是由第三方（廣告主）支付費用，Google等媒體利用的三者間市場模式。」

## 免費的4種模式

**直接內部交叉補貼模式**
某樣東西買一送一的情況。人們具有被「免費」吸引的傾向，所以比只是打折更有效。

第二件免費

**三者間市場模式**
消費者為了免費取得，讓第三方（廣告主）支付費用。在電視或廣播，或者IT界最普遍的免費策略模式。

別再課金了

維基很方便呢

**免費增值模式**
藉由免費服務廣泛招攬顧客，讓使用者利用部分的付費服務提高收益。網路服務和手機的免費遊戲等就是這種例子。

**非貨幣經濟模式**
藉由曬目（流量）與評價（連結）等金錢以外的獎勵成立。維基百科、社群網站和亞馬遜的評論等也是這種例子。

「第三個是藉由免費服務廣泛招攬顧客，讓使用者利用部分的付費服務獲得收益的**免費增值模式**。發送免費樣品，其中有10％的人加入付費服務就能提高收益。可說是由於數位產品的複製成本很便宜，所以才能成立的模式。最後是以維基百科和社群網站為代表，藉由矚目（流量）與評價（連結）等金錢以外的獎勵成立的非貨幣經濟模式。」

# 免費增值模式的今昔

所謂免費增值是「免費」和「付費」結合的新詞，以前就有的試吃或免費樣品也是免費增值的一部分。然而，藉由IT化的進展免費增值策略也有所改變。

●以前的免費增值

以前的免費樣品是，發送促銷活動用的化妝品或飲料的樣品，因為會花費實際費用，所以廠商以少量吸引消費者，藉此產生更多的需求。

●數位產品的免費增值

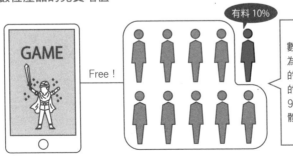

數位產品的複製成本極為便宜，因此發送大量的免費樣品，其中10％的人加入付費，即使90％的人免費使用，整體也能提高收益。

# 09 如何調查廣告的效果？

世上充斥著廣告。如何才能計量廣告的效果呢？

麻子小姐思考著，假如有一天開了花店時是否應該打廣告？即使推出廣告也不知道會有多少效果，這也是煩惱的根源。這時啟太建議麻子小姐，利用**DAGMAR理論**就能測量廣告的效果。說到廣告，容易覺得目標就是增加營業額或來客數等，不過在DAGMAR理論不會把這些擺在目標。

## 通信頻譜

DAGMAR理論是藉由一一達成以下5個階段，就能得出營業額等成果的理論。測量各階段廣告效果的指標，有「認知率」、「商品理解度」、「購買意欲度」、「實際銷售量」等。

※DAGMAR＝Defining Advertising Goals for Measured Advertising Results
（定義測量廣告效果的廣告目標。）

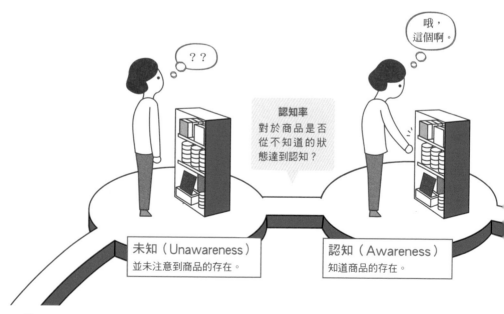

哦，這個啊。

？？

認知率
對於商品是否從不知道的狀態達到認知？

未知（Unawareness）
並未注意到商品的存在。

認知（Awareness）
知道商品的存在。

DAGMAR理論是藉由一一達成「未知」、「認知」、「理解」、「確信」、「行動」等與營業額有關的5個階段的溝通過程（通信頻譜），就能得出營業額等成果的觀點。設定5個階段的溝通目標，調查廣告推出前與推出後的達成度的變化，就能計量廣告效果。

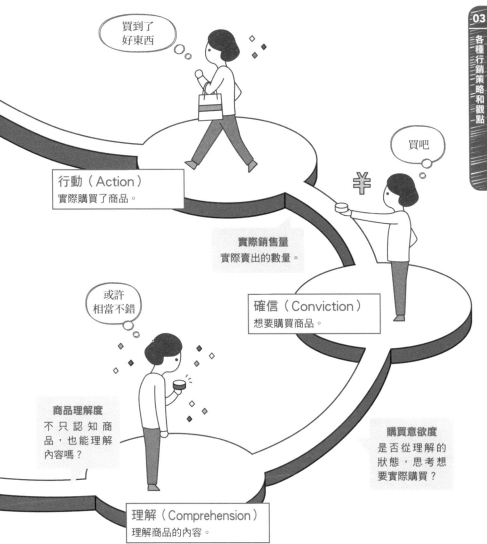

買到了好東西

買吧

**行動（Action）**
實際購買了商品。

**實際銷售量**
實際賣出的數量。

或許相當不錯

**確信（Conviction）**
想要購買商品。

**商品理解度**
不只認知商品，也能理解內容嗎？

**購買意欲度**
是否從理解的狀態，思考想要實際購買？

**理解（Comprehension）**
理解商品的內容。

# 10

## 適合大企業的
## 廣告效果測定方法

除了DAGMAR理論還有測定廣告效果的方法。麻子小姐也要學習這個方法。

啟太教導麻子小姐：「雖是適合大企業的方法，不過還有一個稱為**聲量占有率（SOV）**的廣告效果測定方法。所謂SOV，是與對手企業或對手產品與服務比較的廣告曝光率的比率。產品與服務的市占率並非廣告絕對的刊登量，而是與相同類別的競爭產品與服務的刊登量比較來決定，是從這種觀點產生的。」

## 企業的廣告、宣傳曝光

包含電視和網路，在各種媒體投放廣告、展開宣傳。

將自家公司的廣告刊登量以相同類別整體的刊登量來除，和其他公司比較比率，就能推測可獲得多少市占率。近年來，從整合行銷溝通（P.68）的觀點算出SOV時，會在電視或雜誌等媒體宣傳自家公司商品，作為報導刊載的宣傳曝光也包含在內思考。

## 某個業界的SOV的例子（想像）

# 11 行銷對社會有幫助嗎？

尤其像大企業的情況，不只追求利潤，也被要求貢獻社會。行銷也是一樣。

看到在街頭募款的麻子小姐，啟太說：「有一種行銷手法能同時達成貢獻社會和增加自家公司的營業額喔。」啟太對表現出興趣的麻子小姐說明**CRM（公益行銷）**。這是將企業的商品與服務的一部分收益捐給慈善團體等，能有助於解決社會課題的行銷活動。

## CRM與CSR

經營學家麥可‧波特對於CSR如以下陳述。CRM簡直可說是與波特的觀點一致的行銷手法。

企業的CSR（企業的社會責任）活動，
並非只是捐獻或慈善事業（社會性貢獻），
必須是與自家公司的事業策略
連結的「CSV（策略性CSR）」。

麥可‧波特
（1947～）

美國的經營學家，哈佛大學經營研究所教授。
提倡五力分析（P.38）和價值鏈分析（P.40）
等許多重要的概念。

CRM是消費者、企業、
社會這3個利益相關者
都能滿足的意思，
可說是和近江商人的
「三方皆好」也有關的手法。

從消費者來看，光是購買商品，就能輕鬆地捐獻給自己關心的社會貢獻活動，因此這會是挑選該商品的原因。另外，從企業來看也能一邊進行社會貢獻活動，一邊促進購買商品，因此一舉兩得。CRM目前在美國占了廣告市場8%。在日本也因為東日本大地震而受到矚目。

# 富維克的「1ℓ for 10ℓ」

CRM有一個知名的事例是富維克進行的「1ℓ for 10ℓ」。

◎ 何謂「1ℓ for 10ℓ」計畫？

富維克與聯合國兒童基金會共同從2005年從事的活動。計畫實施期間，透過修建或修理水井等，富維克每1ℓ的出貨量，就供給10ℓ清潔安全的水給支援對象國馬利共和國的人們的概念（在日本由富維克的進口、經銷商麒麟飲料公司實施）。

# 12 藉由「水平思考」進行行銷

麻子小姐得知了有各種行銷理論。她也想了解有點不一樣的觀點。

麻子小姐說：「到目前為止學了不少，不過有沒有能想到全新創意的行銷手法呢？」啟太回答：「有一種科特勒的**水平行銷**。」「科特勒認為『在傳統邏輯性的行銷很難發現新機會』，於是他提倡利用從各種角度自由思考的『水平思考』，就能導出全新創意的理論。」

## 水平思考的3個步驟

原本水平思考是馬爾他出身的作家、醫學家、心理學家、發明家愛德華・德・波諾（Edward de Bono）所提倡的構思法。科特勒把這個方法應用於行銷。

①選擇聚焦
選擇思考的對象物，並思考特性。例如若是花朵，就會是「很香」、「顏色漂亮」、「枯萎」等。

②藉由水平移動引起差距（刺激）
選出一個在①思考的特性，添加變化。變化的方式有「逆轉、代用、結合、強調、除去、排序」這6種方法。

③思考填補差距的方法（連結）
例如如果是「花」，讓「枯萎」的特色「逆轉」成「永遠不會枯萎」，也就是「不會枯萎的花＝人造花」等，便會出現新點子。

放大！

別慌張、別慌張。

水平行銷是以3個步驟來進行。①選擇聚焦；②藉由水平移動引起差距（刺激）；③思考填補差距的方法（連結）。例如如果商品是花朵，在①思考「枯萎」等特性，然後在②對該特性添加變化。並且在③思考不會枯萎的方法，便會導出「不會枯萎的花＝人造花」等答案。

# 水平思考的例子

「男性在情人節送玫瑰花給最愛的女性」，試著水平思考後……

2天前

**逆轉（Reverse）**
在情人節以外的日子送玫瑰花。

**代用（Substitution）**
在情人節送檸檬。

**強調（Emphasis）**
在情人節送幾十朵玫瑰花，或者只送1朵（強調縮小方向）。

**結合（Join）**
在情人節送玫瑰花和鉛筆。

**排序（Sorting）**
在情人節，女性送男性玫瑰花。

**除去（Removal）**
在情人節不送玫瑰花。

※根據《コトラーのマーケティング思考法（暫譯：科特勒的行銷思考法）》P.126製作。

# 13 需要統一的行銷策略

廣告的訊息由於發信媒體而七零八落,印象很混亂。

麻子小姐心想,明明相同商品卻因為廣告而有不同的印象,她告訴啟太這件事。啟太回答:「為了避免陷入這種狀態,現在**整合行銷溝通(IMC)**受到矚目。」IMC是將所有的行銷溝通活動策略性地整合,將統一的訊息傳達給消費者的過程。

## 何謂整合行銷溝通?

店鋪

產品包裝盒

*one point*

**企業識別(CI)**

藉由統一公司名稱、品牌名稱、商標、企業特色、口號、概念、訊息等,提出企業的特色與個性,以共通的印象推動讓顧客能夠認識。

有一段時期CI很流行,不過不只改變商標,公司整體制定統一的行銷策略非常重要。

讓IMC成功的重點是，按照訊息的特性妥善地靈活運用發信媒體。另外，如**訊息統一一致性**等，整合管理行銷溝通整體的製作人或管理者也不可缺少。此外從消費者的觀點看待自家公司和產品，看清哪種訊息才能傳達出去也很重要。

所謂整合行銷溝通，是1993年由美國西北大學的唐・舒茲（Don E.Schultz）等人所提倡的觀點。計畫展開時不只自家公司內部，與外部的廣告代理店和製作公司的形象統一也很重要。

# 14 已經不是被國境限制的時代？

全球化進展的現在，全世界的企業正在進行對應全球化的行銷。

麻子小姐看到電視正在播放伴隨世界全球化的「**國際行銷**」特輯。據節目表示，所謂國際行銷是指不被國境限制，把地球上所有國家當成一個市場進行的行銷活動，1983年，以〈行銷近視症〉聞名的西奧多・萊維特（Theodore Levitt），由於在論文中提出因而受到關注。

## 何謂國際行銷？

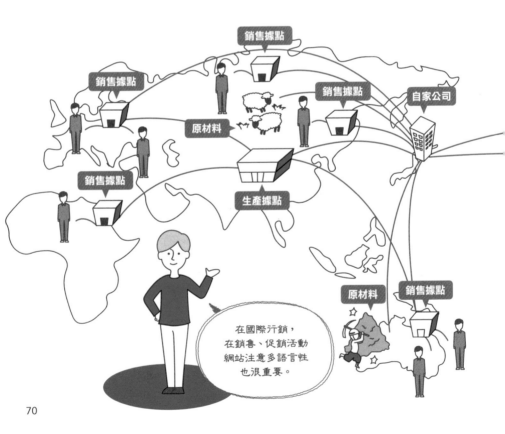

在國際行銷，
在銷售、促銷活動
網站注意多語言性
也很重要。

萊維特在發表的論文中說明，今後並非配合各國的特性訂製產品與服務，提供世界統一規格的產品才是重點。全球化加速的現在，今後不只貿易公司和廠商，在國內的產業也必須學習國際行銷，節目主持人的話令麻子小姐深受感動。

因為全球化進展，日本也有許多外國人，就連花店也必須注意國際行銷呢。

銷售據點

銷售據點

### 全球化進展…

技術進步與全球化進展後，世界逐漸同質化，無論到哪裡同樣的東西都會受到喜愛。此外，由於統一規格的產品大量生產減少成本，因此也有容易受到顧客支持的優點。

# 15 注意世界人口的約72%

世界人口之中，貧民層超過70%。有個行銷手法看準了這個貧民層。

麻子小姐看的電視節目中也介紹了「**BOP行銷**」。這是密西根大學商學院教授普哈拉（C.K. Prahalad）在2004年所提倡，所謂的BOP意味著世界的貧民層。世界人口約74億人，其中約50億人叫做貧民層。「BOP行銷」是培育貧民層，把它變成市場的全新行銷。

## 世界所得金字塔

所謂BOP是「Base of the Pyramid」的縮寫，意思是世界的貧民層。今後藉由所得提升，BOP層可望成長為巨大的顧客。

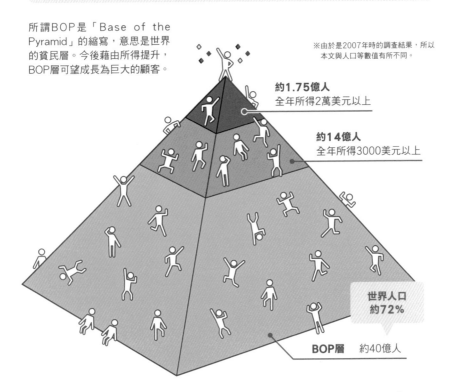

※由於是2007年時的調查結果，所以本文與人口等數值有所不同。

約1.75億人
全年所得2萬美元以上

約14億人
全年所得3000美元以上

世界人口
約72%

BOP層　約40億人

來源：「THE NEXT 4 BILLION (2007 World Resource Institute, International Finance Corporation)」

BOP行銷的成功例子，可以舉出日用品企業印度聯合利華公司。該公司以販售分成可用完大小的沐浴露而聞名。1罐數百日圓的沐浴露只要分裝，就能以數日圓販售，因此就連沒錢的BOP層也能購買。如果以這種措施培育BOP層，今後便能期待他們成長為巨大的顧客層。

# 聯合利華的BOP行銷

日用品企業印度聯合利華公司進行以下的BOP行銷，開拓了新市場。

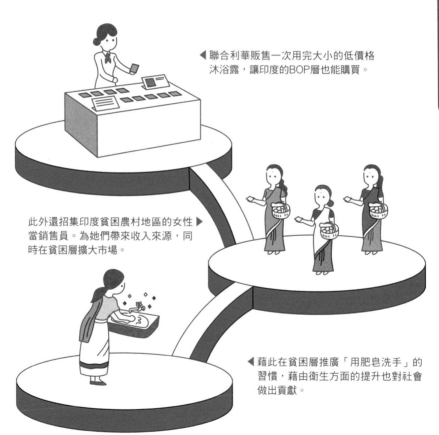

◀聯合利華販售一次用完大小的低價格沐浴露，讓印度的BOP層也能購買。

此外還招集印度貧困農村地區的女性▶當銷售員。為她們帶來收入來源，同時在貧困層擴大市場。

◀藉此在貧困層推廣「用肥皂洗手」的習慣，藉由衛生方面的提升也對社會做出貢獻。

# 引導好市多走向成功的
# 會員制模式

　　大家知道好市多嗎？1983年將倉庫改造成店鋪，不通過批發，開始直接販售給消費者的模式的會員制超級市場。雖然以能便宜買到高品質商品而聞名，不過必須繳年費，只有成為會員的人才能購買。

　　好市多進行的「會員制模式」有許多優點。首先，每個月收取會員費，客人不上門就是損失，具有這種「回頭效果」。再者，即使客人不上門，店家也能收到會員費，客人上門就能賣出商品，可以再賺一筆。這是健身俱樂部等也會利用的「會員制模式」，好市多藉由這個商業模式獲得巨大的成功，如今成為全美數一數二的巨大企業。

　　其中還有黑卡、渡假村會員資格或高爾夫會員資格等年費幾十萬日圓以上的類型。也有令人感受到這種地位等，未必只是便宜的會員商業模式。

## chapter.04

# 抓住消費者的心的行銷理論

麻子小姐學習了
行銷的基本觀點，
而啟太的課程還有後續。
接下來他要教導
抓住消費者的心的各種理論。

# 01 滿足顧客的期待 非常重要

該如何讓店面繁榮興旺呢？麻子小姐正在思考根本的問題。

麻子小姐思考著：「該如何讓店面繁榮興旺呢？」啟太講述了提高**顧客滿意 （CS）**的重要性。「顧客滿意是，購買的產品與服務滿足了顧客的期待，依照滿足了多少期待來決定顧客滿意度有多高。顧客滿意是西奧多·萊維特在〈行銷近視症〉中提出，後來受到矚目的概念。」

## 企業是為了創造顧客滿意和顧客而存在

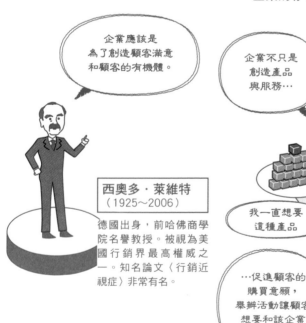

●西奧多·萊維特思索的 「企業的存在與角色」

企業應該是為了創造顧客滿意和顧客的有機體。

企業不只是創造產品與服務…

我想和做出這種商品的公司共事

西奧多·萊維特 （1925～2006）

德國出身，前哈佛商學院名譽教授。被視為美國行銷界最高權威之一。知名論文〈行銷近視症〉非常有名。

我一直想要這種產品

…促進顧客的購買意願，舉辦活動讓顧客想要和該企業進行交易。

啟太繼續說：「萊維特主張，經營者的使命是提供能創造顧客的價值，藉此創造出顧客滿意，經營者必須將這個觀點持續推廣到組織整體。能創造顧客的價值＝**顧客價值**，這是從顧客獲得的東西（利益）與失去的東西（成本）的相關關係產生的。」聽了這番話的麻子小姐，暗下決心一定要努力提高自己店鋪的顧客滿意。

## 何謂顧客價值？

西奧多・萊維特說：「來買鑽頭的人想要的不是鑽頭，而是洞。」這或許是說明顧客價值時最淺顯易懂的話。提高顧客價值的方法有以下5種。

※插圖內的「B」＝利益，「C」＝成本。

①提高利益，降低成本。

②提高利益，成本不變。

③雖然提高成本，但利益提高更多。

④雖然利益不變，但成本下降。

⑤雖然降低利益，但成本降低更多。

# 02 超出事前的「期待」非常重要

該如何實現顧客滿意呢？這與「期待」有著極大關聯。

啟太繼續說明：「前面說過了顧客滿意（P.76），因此我來說明一下顧客滿意形成的機制。這個機制可以透過**期望失驗模式**這個理論來理解。公式是，顧客滿意＝顧客感受到的價值（P）－事前期待價值（E）。換句話說，實際的表現（P）如果能超出顧客期待的表現期待值（E），顧客就會滿意。」

## 期望失驗模式的公式

顧客滿意度的公式是，「顧客滿意＝顧客感受到的價值（P）－事前期待價值（E）」。如果「P＞E」就會滿意；「P＜E」則意味著不滿意。

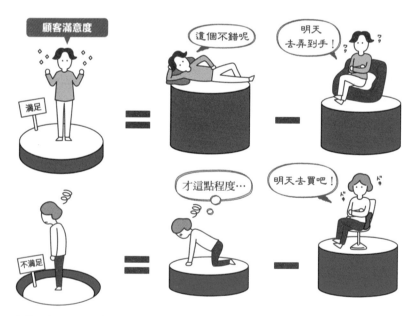

…但是，在ISO9000（※）的基準中，「P＝E」也算是「滿意」。

※ISO9000…依照ISO（國際標準化機構）制定的品質保證的國際規格。

78

「另外，行銷學家約翰‧E‧史旺（John E. Swan）等人說，關於顧客滿意，**本質機能**和**表層機能**雙方與顧客的期待一致時顧客就會滿意。所謂本質機能，是顧客對該產品與服務最初要求的機能。要提高顧客滿意，首先思考確實提供本質機能，之後充實表層機能正是重點。」

## 本質機能和表層機能

**本質機能**
顧客對該產品與服務最初要求的機能。

原本期待更順暢的駕車體驗。

如果是汽車，就是「能跑」，即使提升品質也很難提高滿意度，但要是品質低劣，顧客就會有極大的不滿。

加速比想像中還要慢！

如果是汽車，就是「座椅坐起來很舒服」、「加速很快」等。雖然具有提高滿意度的作用，不過要是本質機能低就沒有意義。

**表層機能**
附加價值的機能。

雖然座椅很棒，可是車不好開就沒意義！

提高自家公司的產品與服務的品質當然很重要，不過也要注意不要藉由過多的標語或廣告等過度提高顧客的期待。

# 03 一名顧客有多少購買力？

一名顧客一生會有多少購買力？藉由行銷算出這個數值。

麻子小姐提問：「有沒有方法能知道一名顧客一生會有多少購買力？」啟太回答：「藉由**顧客生涯價值（Life Time Value, LTV）**可以算出。正確地說，從至今顧客購入的總額減去維持顧客所使用的費用，得出利潤金額即可，不過計算每一名顧客的顧客生涯價值非常困難，因此以顧客整體的數據來計算才實際。」

## LTV的公式

LTV是一名顧客購買多少的指標，是極為重要的概念。

$$LTV = \boxed{全年交易額} \times \boxed{收益率} \times \boxed{持續交易年數}$$

謝謝惠顧

減去成本就有50%的收益率

已經持續購買20年了

……但是，計算每一名顧客的LTV非常耗費工夫與成本，因此以顧客整體的數據來計算才實際。此外，LTV的公式有好幾個，以下的式子也經常使用。

顧客整體平均後…

⬇

LTV＝顧客的平均購入單價值×平均購入次數
LTV＝（銷售額－銷售原價）÷購入人數

「變成公式後，就是全年交易額×收益率×持續交易年數。要提高顧客生涯價值，就必須提高顧客單價與回頭率等。並非追求眼前的利益，建立長期信賴關係的觀點才是重點。要思考**如何讓人成為自家公司的支持者**。另外，同時留意抑制維持顧客所使用的成本也很重要。」

# 提高LTV的方法

如何提高LTV，對企業而言是最重要的課題之一。

●重點是回頭客

任何業界都充滿了競爭對手公司，所以爭取其他公司的顧客並不容易。必須提高顧客單價與回頭率等。

獲得新顧客的成本，是維持現有顧客的成本的5～10倍。

●要提高LTV……

要提高LTV，比起眼前的利益更應思考長期的信賴關係。為此，如何讓產品與服務的顧客變成自家公司的支持者才是重點。

要增加回頭客，售後服務和接待也很重要。

# 04 共享資訊獲得老主顧

行銷中建立顧客的資料庫是重要項目。各部門的關係也很重要。

麻子小姐對於顧客開始思考，啟太向她陳述**CRM（客戶關係管理）**的重要性。所謂CRM，是將顧客資訊建立資料庫，不只營業部門，和客服中心及服務窗口等與顧客接觸的所有部門共享資訊，對個別顧客進行細膩的對應的對策。

## 何謂CRM？

CRM是藉由共享顧客資訊，對顧客進行細膩的對應，提高忠誠度的方法。

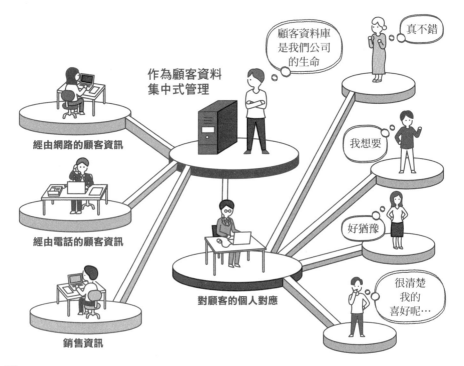

真不錯

顧客資料庫是我們公司的生命

作為顧客資料集中式管理

經由網路的顧客資訊

我想要

經由電話的顧客資訊

好猶豫

銷售資訊

對顧客的個人對應

很清楚我的喜好呢…

收集的資訊如下：①顧客的年齡、性別與居住地等基本資料；②興趣、嗜好等個人資訊、生活型態；③過去的購買資訊與使用情形、購買的動機與喜好；④詢問與投訴等過去的接觸經歷。活用這些，回應顧客的問題與要求，或是提供顧客可能想要的商品資訊。藉此，就能獲得長期消費的老主顧。

# 在CRM活用的資訊

為了CRM，除了可收集以下的資訊，也能活用問卷調查。

42歲男性
住在〇〇縣
在〇〇公司工作
有妻小
（女兒7歲與4歲）
…etc.

興趣是閱讀
吸煙者
室內派
喜歡日本料理
…etc.

**顧客的年齡、性別與居住地等基本資料**

**興趣、嗜好等個人資訊、生活型態**

這位顧客年平均購買2次

**過去的購買資訊與使用情形、購買的動機與喜好**

**詢問與投訴等過去的接觸經歷**

但是，過度發送商品資訊反而會使顧客滿意度下降，最糟的情況，老主顧也有可能逃走，因此必須注意。

# 05 創造狂熱的「信徒」

假如創造出能稱為「信徒」的顧客，店面就安泰了。麻子小姐要向啟太學習這個方法。

創造出長期使用自家公司產品與服務的顧客，麻子小姐覺得這點很重要，這時啟太提起「**忠誠行銷**」的話題。所謂忠誠行銷，就是建立「信徒」的手法，具體的方法有優惠券、贈品、折扣等**金錢的回饋（硬福利）**，和邀請參加活動等**特權的提供（軟福利）**等。

## 提高顧客忠誠後……

提高顧客忠誠後，顧客不只會持續購買產品與服務，有時甚至會幫忙宣傳。

▲ 即使不透過廣告等促使購買，顧客也會購買商品。

▲ 顧客對身邊的人宣傳商品的優點。

▲ 即使價格貴一點，顧客也毫不在意地買下。

前述的CRM（客戶關係管理）（P.82）和許可行銷（P.102）等是為了利用這個方法而被活用。另外，為了提升品牌形象，投資研究開發持續生產高品質的產品，或是貫徹出色的顧客服務，或者藉由廣告等創造正面形象，在提高**顧客忠誠度**都是必須的。

# 提高顧客忠誠度的方法

## ●特權的提供

提高顧客忠誠度的方法之一是，金錢的回饋或邀請參加活動等特權的提供。CRM（P.82）和許可行銷（P.102）等簡直可說是為此的手法。

## ●品牌行銷

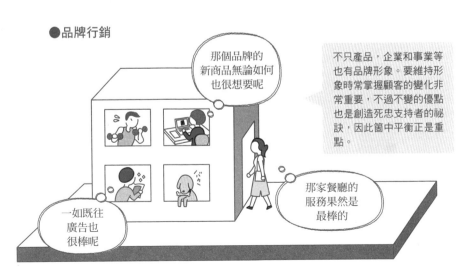

不只產品，企業和事業等也有品牌形象。要維持形象時常掌握顧客的變化非常重要，不過不變的優點也是創造死忠支持者的祕訣，因此箇中平衡正是重點。

# 06 注意個人的生活型態

人都有各自的生活型態。加入這些生活型態的行銷方法是什麼？

啟太說：「還有注意個人生活型態而誕生的行銷手法。」它被稱為**生活型態行銷**，1978年史丹佛國際研究所在生活型態分析「**VALS（Values and Life-styles）**」，把「個人的價值觀」、「生活型態」等概念帶進行銷才開始。

## 何謂VALS？

在「VALS」，個人的生活型態是由「行動」、「關心」、「意見」這3者所形成，根據這個觀點，將人們區隔。

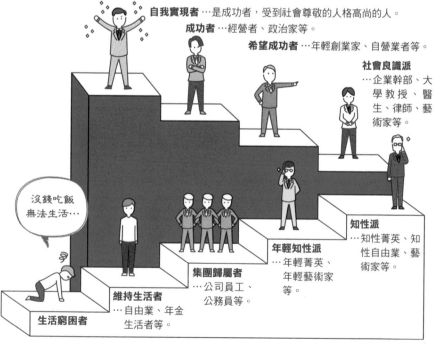

**自我實現者**⋯是成功者，受到社會尊敬的人格高尚的人。

**成功者**⋯經營者、政治家等。

**希望成功者**⋯年輕創業家、自營業者等。

**社會良識派**⋯企業幹部、大學教授、醫生、律師、藝術家等。

**知性派**⋯知性菁英、知性自由業、藝術家等。

**年輕知性派**⋯年輕菁英、年輕藝術家等。

**集團歸屬者**⋯公司員工、公務員等。

**維持生活者**⋯自由業、年金生活者等。

**生活窮困者**

沒錢吃飯無法生活⋯

在生活型態行銷，是根據經濟環境與人的心理將消費者分類。分成「自我實現者」、「成功者」、「希望成功者」、「社會良識派」、「知性派」、「年輕知性派」、「集團歸屬者」、「維持生活者」、「生活窮困者」這9類。藉由如此分類，能夠掌握消費者的價值觀與生活型態的大致狀況，在思考該把自家公司產品與服務賣給哪個顧客層時會有幫助。

# 生活型態的分類與AIO

## ●何謂AIO？

AIO
(Action, Interest, Opinion)
是生活型態的分類基準，
透過下個主題的
相關提問，
導出對象者的生活型態。

**◀活動（Action）**
工作方式、興趣、運動等。

**關心（Interest）▶**
家人、娛樂、流行等。

**◀意見（Opinion）**
經濟、社會、產品或未來等。

## ●生活型態的分類例子

頂客族

保守的、傳統的

素食主義者

室內派

草食系男子

樂活

健康意識高的人

永遠年輕

依每種生活型態將消費者分類，就能精確地宣傳或刊登廣告呢。

# 07 決定購買意思的 4個過程

消費者買東西時的思考機制是什麼？在決定購買之前會有怎樣的過程呢？

麻子小姐在思考如何讓人購買自家公司的產品。啟太詢問麻子小姐：「妳知道消費者想要購買的機制嗎？」啟太說明：「**哈佛德・西斯購買行為模型**揭示了消費者是以何種過程決定購買產品與服務。這是生活體接受刺激，做出反應的**S-O-R模型**的代表性例子。」

## 何謂哈佛德・西斯購買行為模型？

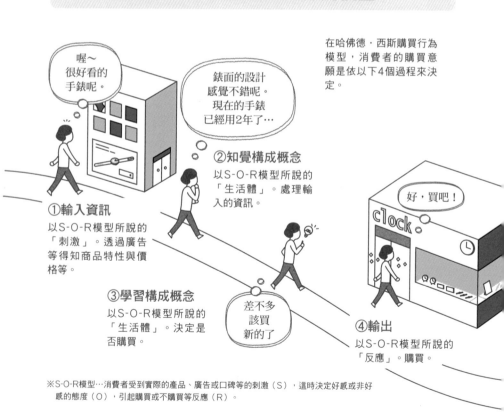

在哈佛德・西斯購買行為模型，消費者的購買意願是依以下4個過程來決定。

喔～很好看的手錶呢。

錶面的設計感覺不錯呢。現在的手錶已經用2年了…

②知覺構成概念
以S-O-R模型所說的「生活體」。處理輸入的資訊。

①輸入資訊
以S-O-R模型所說的「刺激」。透過廣告等得知商品特性與價格等。

好，買吧！

③學習構成概念
以S-O-R模型所說的「生活體」。決定是否購買。

差不多該買新的了

④輸出
以S-O-R模型所說的「反應」。購買。

※S-O-R模型…消費者受到實際的產品、廣告或口碑等的刺激（S），這時決定好感或非好感的態度（O），引起購買或不購買等反應（R）。

啟太繼續說：「在哈佛德－西斯購買行為模型，購買意思是由4個過程決定。①輸入資訊；②知覺構成概念；③學習構成概念；④輸出。這些過程根據情況分成擴大問題解決、限定問題解決、日常反應行動。這些是思考所有行銷時的基本，最好記住這個知識。」

## 到達購買的意思決定的3種模式

消費者行為模型根據情況分成下列3種模式。

**擴大問題解決**
購買至今沒用過也沒買過的商品的情況。搜尋許多資訊後進行研究。

不仔細調查又會失敗…

**限定問題解決**
理解商品內容的情況。確認是否為自己真正想要的商品，就這方面搜尋、收集資訊。

去店裡一趟看看實物吧。

**日常反應行動**
再度購買平時購買的商品的情況。沒有搜尋資訊，迅速決定購買。

啊，沒了。得去買了。

# 08 打動「情感」
# 而非消費者的「需求」

如果情感波動，人就會進行消費活動!?
打動情感的行銷手法是什麼？

啟太繼續說明：「另外，還有行銷手法是打動情感，而非消費者的需求。就是
1999年伯德‧施密特（Bernd H. Schmitt）教授提倡的**體驗行銷**。」以前認
為消費者是為了滿足自己的需求而進行消費者行動，不過在這種行銷中，認為
激發自己的感覺，動搖情感，刺激內心的體驗會影響消費活動。

## 「結果價值」與「經過價值」

在商品充斥的今日，不只商品設計與表現高級感等滿足需求的「結果價值」，「經過價值」
逐漸變得重要。

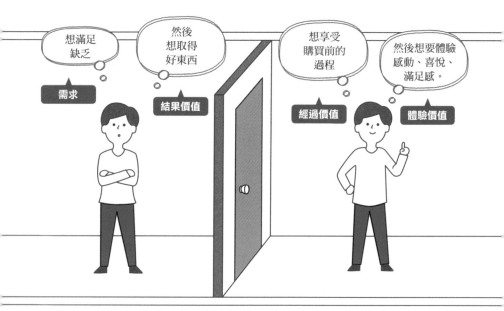

所謂體驗價值，是指利用產品與服務所得到的感動、喜悅與滿足感等心理上、感覺上的價值。體驗價值分成「SENSE（感官的體驗價值）」、「FEEL（情感的體驗價值）」、「THINK（創造、認知的體驗價值）」、「ACT（肉體的體驗價值）」、「RELATE（與參照群體和文化的關聯）」這5種。思考各自合適的行銷策略正是重點。

# 5種體驗價值

體驗行銷是打動情感，而非需求的行銷手法。

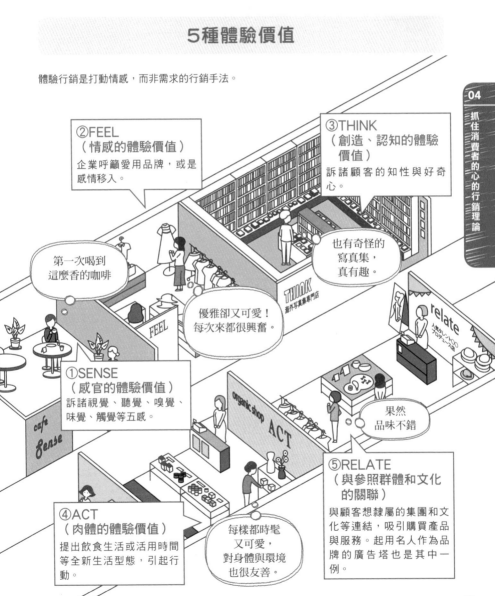

②FEEL
（情感的體驗價值）
企業呼籲愛用品牌，或是感情移入。

③THINK
（創造、認知的體驗價值）
訴諸顧客的知性與好奇心。

第一次喝到
這麼香的咖啡

也有奇怪的
寫真集，
真有趣。

優雅卻又可愛！
每次來都很興奮。

①SENSE
（感官的體驗價值）
訴諸視覺、聽覺、嗅覺、味覺、觸覺等五感。

果然
品味不錯

⑤RELATE
（與參照群體和文化的關聯）
與顧客想隸屬的集團和文化等連結，吸引購買產品與服務。起用名人作為品牌的廣告塔也是其中一例。

④ACT
（肉體的體驗價值）
提出飲食生活或活用時間等全新生活型態，引起行動。

每樣都時髦
又可愛，
對身體與環境
也很友善。

91

# 從顧客的「狀況」掌握需求

利用網路會看到AdWords廣告。這種廣告安排的巧妙行銷是什麼？

麻子小姐看到Google的AdWords廣告，便詢問：「這也是行銷嗎？」啟太回答：「那是從顧客置身的情況掌握需求，稱為**情境行銷**。網站營運者在網站上貼出廣告欄後，讀取該網站內容的脈絡，顯示閱覽的人感興趣的廣告，這種**AdWords廣告**正是相當於這一類行銷。」

## 亞馬遜的情境行銷

除了正文介紹的AdWords廣告，亞馬遜會從購買紀錄，或買了同一本書的人的購買紀錄傾向等介紹推薦書籍，這也是情境行銷的例子。

「另外，Office Glico也是情境行銷的成功例子。這是把裝了Glico點心的盒子放在簽約的辦公室，員工投入金錢購買的系統。巧妙地掌握『有點餓了』、『不用外出』的慾望，獲得了支持。另外，在Google搜尋顯示棒球相關網站時，會出現運動用品店等廣告也是情境行銷之一。」

## 在現實世界的情境行銷

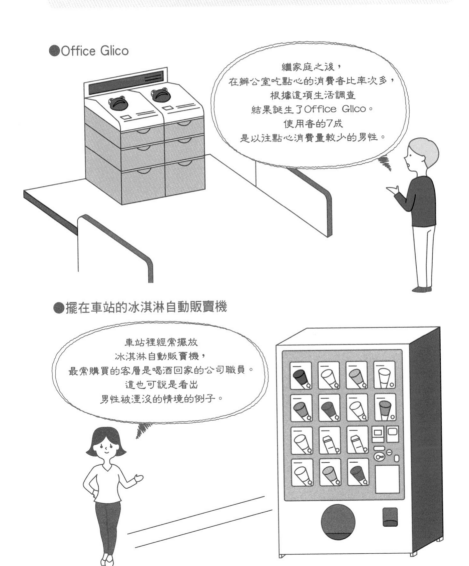

●Office Glico

繼家庭之後，
在辦公室吃點心的消費者比率次多，
根據這項生活調查
結果誕生了Office Glico。
使用者的7成
是以注點心消費量較少的男性。

●擺在車站的冰淇淋自動販賣機

車站裡經常擺放
冰淇淋自動販賣機，
最常購買的客層是喝酒回家的公司職員。
這也可說是看出
男性被湮沒的情境的例子。

# 10 以少額預算創意取勝

麻子小姐在思考沒錢的人也能進行的行銷手法。容易口耳相傳，具有傳播力的方法是什麼？

「有沒有沒什麼錢也能進行，讓周圍人們吃驚的行銷呢？」啟太向發問的麻子小姐開始說明**游擊行銷**。那是適合中小企業的行銷手法，能以少額預算有效地宣傳產品與服務。這是由美國的諮詢師傑‧康瑞德‧李文生（Jay Conrad Levinson）所提倡。

## 游擊行銷的實例

具體而言稱作「快閃」，在公共場所突然有數人到數十人開始跳舞表演，進行品牌宣傳，或是在街頭贈送商品，以新奇的點子讓人們吃驚，創造口碑，企圖創造成為回憶的品牌。麻子小姐未來想要挑戰靠一個點子創造口碑的游擊行銷。

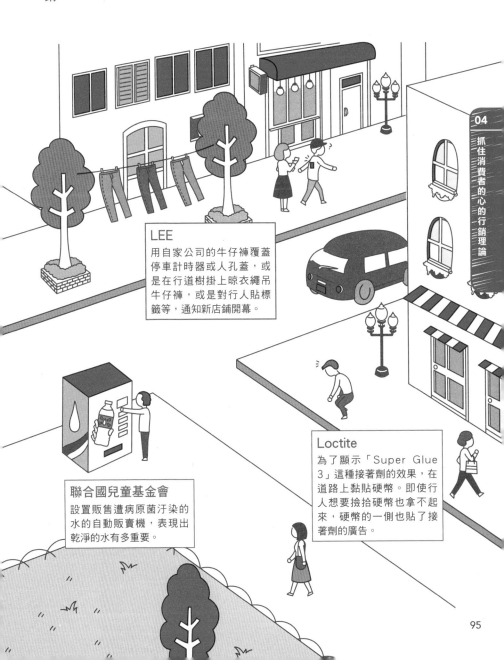

LEE
用自家公司的牛仔褲覆蓋停車計時器或人孔蓋，或是在行道樹掛上晾衣繩吊牛仔褲，或是對行人貼標籤等，通知新店鋪開幕。

聯合國兒童基金會
設置販售遭病原菌汙染的水的自動販賣機，表現出乾淨的水有多重要。

Loctite
為了顯示「Super Glue 3」這種接著劑的效果，在道路上黏貼硬幣。即使行人想要撿拾硬幣也拿不起來，硬幣的一側也貼了接著劑的廣告。

# 11 體育賽事是展現的機會！

在體育轉播經常看到看板廣告。投入巨額預算也要打廣告的好處是什麼？

麻子小姐在看電視的體育轉播，她對競技場內的看板廣告很感興趣。啟太說：「那是**贊助行銷**呢。」成為奧運等大型體育賽事的贊助商，就能把自家公司和自家公司產品介紹給許多人。不只競技場的看板廣告，在海報和制服等刊出自家公司的商標或產品，就能向許多人宣傳。

## 以全世界為對象的贊助行銷

贊助行銷在全世界傳開的原因是，1984年洛杉磯奧運大會主席彼得‧尤伯羅斯（Peter Ueberroth）採用每1個業種1家公司的「官方贊助商制度」，成功募集了大量的營運資金。越大型的大會宣傳效果越高，因而贊助費是龐大的金額。

這種行銷手法誕生的原因是，美國香菸公司的廣告在電視、廣播被禁播。為了尋找替代的廣告媒體，最後找到了運動競技場的看板廣告。雖然贊助費金額很大，但如果是大型賽事，就能把自家公司和自家公司產品宣傳到全世界，因此近年來是受到關注的手法。

## 傳到各種運動的贊助商制度

因為左述的洛杉磯奧運，官方贊助商制度傳到其他業餘運動，尤伯羅斯就任美國職業棒球大聯盟主席後，這個制度也滲透到職業運動。

●UNIQLO的例子

在日本UNIQLO
也因為網球的錦織圭選手
而獲得成功。此外錦織選手
與包含UNIQLO在內的
全球17家企業締結了
贊助契約（2017年當時）。

●紅牛能量飲料的例子

從2003年舉辦的
「紅牛特技飛行大賽」是由
紅牛能量飲料主導企劃。
並非現有的支援大會
這種傳統形式，
而是企業自己舉辦大會。

# 12 若無其事地宣傳商品與企業

電影和電視節目中若無其事的廣告。
然而要是弄錯一步，有時會變成不好的印象。

啟太說：「另外還有不在競技場，而是在電影或電視節目中若無其事地讓企業的商品或商標登場向觀眾宣傳，稱為**置入性行銷**的行銷手法。」這個手法是1995年的電影《養子不教誰之過》，有許多觀眾紛紛詢問想要詹姆斯‧狄恩（James Dean）使用的梳子，電影公司因此獲得啟發，開始了劇中廣告。

## 一般廣告與置入性行銷

置入性行銷不只正文介紹的《007》系列，在日本的戲劇、電影、動畫或網路等也廣泛地加入。

●一般廣告

廣告啊…
快轉吧。

以前電視廣告被視為最有力的廣告媒體。然而現在很多人錄下電視節目來收看，因為廣告常常被跳過，所以變成要求與傳統型廣告不同的手法。

●置入性行銷

主角戴的那只
手錶
真好看…

在置入性行銷，會在電影或戲劇的正篇中若無其事地宣傳產品與企業。最近網路上容易流傳「在○○的節目中使用的手提包是○○公司的○○」等資訊，這也變成受到關注的原因。

至於實例，像是在電影《007》系列，有奧斯頓・馬丁和豐田汽車的車子、歐米茄的時鐘和Sony Ericsson的手機、伯蘭爵的香檳等各式各樣的商品登場。置入性行銷和電視廣告不同，優點是不會被快轉，不過商品不自然的登場場景要是太多，觀眾就會受不了，反而會使企業形象變差。

## 置入性行銷的各種手法

我們不經意地觀看的影像中，會進行以下種種置入性行銷。

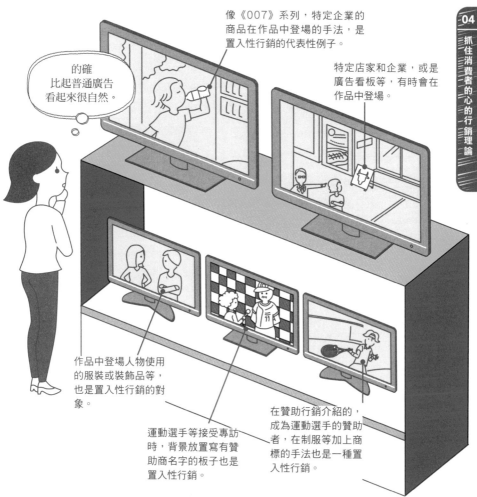

像《007》系列，特定企業的商品在作品中登場的手法，是置入性行銷的代表性例子。

特定店家和企業，或是廣告看板等，有時會在作品中登場。

的確比起普通廣告看起來很自然。

作品中登場人物使用的服裝或裝飾品等，也是置入性行銷的對象。

運動選手等接受專訪時，背景放置寫有贊助商名字的板子也是置入性行銷。

在贊助行銷介紹的，成為運動選手的贊助者，在制服等加上商標的手法也是一種置入性行銷。

# 根據數值資料進行
# 行銷的定量化分析手法

　　所謂「定量化分析手法」，是指根據數值資料進行的分析手法。其中之一，「ROS／RMS矩陣」是以業界中各公司的營業利益率ROS為縱軸，相對的以市場占有率RMS為橫軸，藉此讓競爭狀況可視化的分析手法。例如市場占有率越高，得知利益率也會越高。藉此與競爭對手的差異變得一目了然，自家公司的目標方向也能變得明確。此外，RMS是市占率第1名的企業和第2名的比率，第2名以下的企業是取與第1名的比率。

　　另外，「多變量分析」是根據假說讓許多數據的關聯性變得明確的統計方法。簡單地說，「能讓複雜的數據的相關關係等變得簡單明瞭」。在多變量分析，有「多變量回歸分析」、「主成分分析」、「因素分析」、「判別分析」、「聚類分析」、「聯合分析」等。

　　雖然根據「定量化分析手法」的分析結果非常重要，不過理解數據表現不出來，背後的顧客心理才是重點。

NEW

chapter.05

# 最新行銷理論

學了各種行銷理論的麻子小姐，
越來越有興趣了。
這次她要向啟太
學習最新的行銷理論

# 01 並非「打擾」
# 而是獲得「同意」

你是否覺得擅自寄來的廣告郵件很煩呢？從潛在顧客獲得「同意」，以此為目標的行銷手法是什麼？

麻子小姐嘟囔道：「宣傳DM有點討厭」，啟太向她搭話：「妳知道**許可行銷**嗎？」這是前Yahoo的直接行銷負責副社長賽斯·高汀（Seth Godin）提倡的手法。高汀主張，現代想要引起興趣的東西太多，人們能用來關心的時間越來越少。

## 許可行銷的三大要素

許可行銷是推動「受到期待、個人化、適切」的行銷手法。

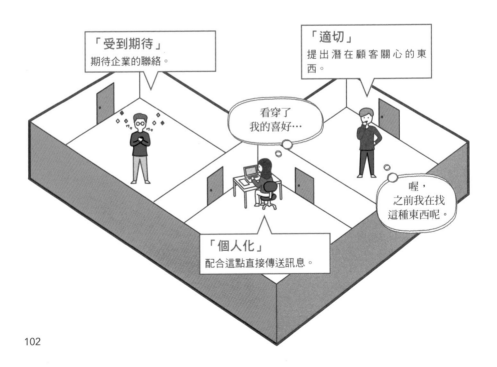

「受到期待」
期待企業的聯絡。

「適切」
提出潛在顧客關心的東西。

看穿了我的喜好…

喔，之前我在找這種東西呢。

「個人化」
配合這點直接傳送訊息。

高汀也說，如果想要潛在顧客買東西，不應透過電視廣告、電話或DM等打擾消費者的生活，而是應該獲得同意，由消費者參加買賣的過程。這個想法的根源，推動「**受到期待、個人化、適切**」正是許可行銷。具體而言是按照以下5個步驟，建立與潛在顧客的關係。

## 許可行銷的5個步驟

在許可行銷，按照以下5個步驟，就能掌握真正有興趣的顧客。

還有別的？

⑤花時間活用許可，改變消費者的行動創造利潤。

很有趣呢

④提供追加的激勵，從消費者繼續獲得許可。

不錯呢

③加強激勵，潛在顧客持續給予許可。

是這樣啊

②利用潛在顧客的關心，花時間說明自家公司產品與服務。

喔～

①準備潛在顧客自己感興趣的激勵（資訊、娛樂或商品等）。

# 02 發布「顧客想要的資訊」

人都會積極地去看關心的資訊。這些資訊會藉由社群網站等擴散。

啟太繼續說:「還有發布顧客想要的資訊的**集客式行銷**。」這是美國的行銷公司HubSpot公司所提倡,近年來受到關注的行銷手法。「集客式」是指回應顧客詢問的活動,而「推播式」是指企業對顧客進行的電話行銷(電話推銷)等活動。

## 集客式行銷的手法

集客式行銷是藉由發布用戶想知道的事,
讓人上網去看的方法。

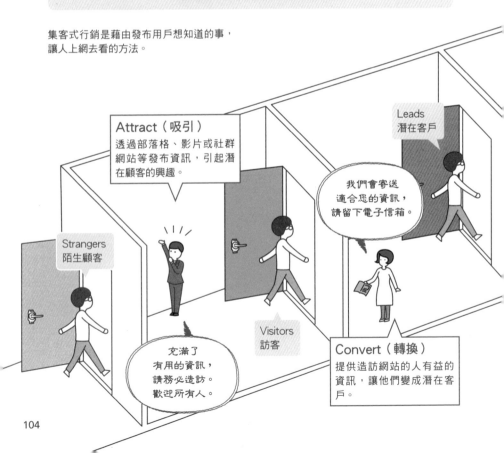

Leads
潛在客戶

Attract(吸引)
透過部落格、影片或社群網站等發布資訊,引起潛在顧客的興趣。

我們會寄送適合您的資訊,請留下電子信箱。

Strangers
陌生顧客

充滿了有用的資訊,請務必造訪。歡迎所有人。

Visitors
訪客

Convert(轉換)
提供造訪網站的人有益的資訊,讓他們變成潛在客戶。

並非利用廣告等由企業單方面的推銷商品給顧客，而是針對用戶的煩惱、想知道或關心的事，透過部落格、影片或社群網站等發布資訊，藉此在社群網站上擴散，由用戶主動的上網去看，最終目標是販售產品與服務。在集客式行銷的重點是，**發布顧客想要的資訊**，而非企業想傳達的資訊。

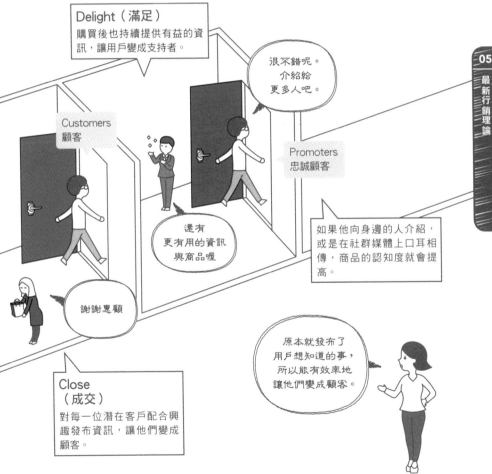

# 03 活用資料庫提高營業額

近年來要求將顧客資訊建立資料庫，進行適合各個顧客的行銷非常重要。

啟太開始說起對於顧客的各種資訊（過去的交易紀錄、住址、年齡、興趣、關心的事、家庭狀況等）建立資料庫，提供適合各個顧客的服務的**資料庫行銷**。其中最知名的**RFM分析**是，為了增加現有顧客的購入額，研究如何有效地進行宣傳所構思的手法。

## 何謂RFM分析？

RFM分析是研究如何有效地進行宣傳所構思的分析手法，是1960年代美國郵購與DM為了提高回覆而傳開。

R（Recency）＝最近一次消費
最近何時購買？

F（Frequency）＝消費頻率
以怎樣的頻率購買？

M（Monetary）＝消費金額
至今總額購買了多少？

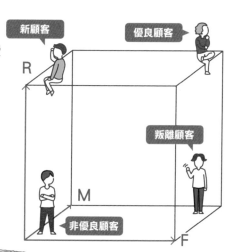

即使F和M的等級很高，
如果R很低，就很有可能外流到
其他公司。即使R和F的等級很高，
如果M很低，顧客的購買力就低，
可以理解各種傾向。

另外，貫徹資料庫行銷正是**一對一行銷**。根據各個顧客的需求、過去的購買紀錄等，讓每一名顧客覺得宛如「個別對應」、「1對1的關係」，藉此提高現有顧客忠誠心的行銷手法。如同亞馬遜根據購買紀錄等顯示推薦商品，個別顯示編輯過的網頁也是其中一例。

## 大眾行銷和一對一行銷

相對於傳統的大眾行銷是以所有消費者為對象用相同方法進行，在一對一行銷是分析顧客的購買紀錄與行動紀錄等，配合每個人的需求進行行銷。

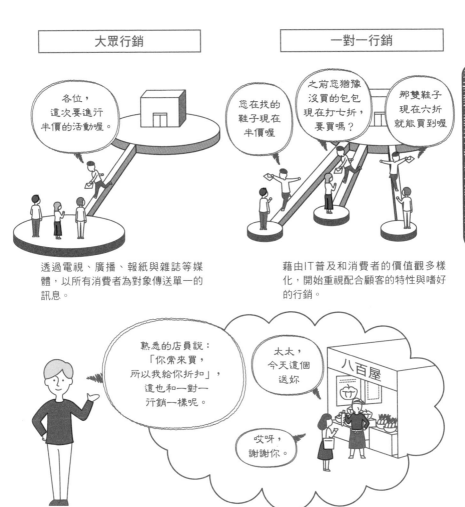

# 04 以顧客導向 總括行銷活動

麻子小姐深深感受到行銷中顧客的重要性,她開始思考顧客導向的行銷該怎麼做呢?

麻子小姐問啟太:「有沒有加入顧客要求的行銷手法呢?」啟太回答:「2002年科特勒在著作《科特勒新世紀行銷宣言》中提倡的**全方位行銷**正是知名的顧客導向的行銷。以顧客的要求作為一切的起點,巧妙搭配公司內外的經營資源,以全公司的觀點進行行銷。」

## 何謂全方位行銷?

科特勒陳述在全方位行銷,
搭配以下4個行銷要素是必要的。

關係行銷
(Relationship Marketing)
加強與公司內外利害關係者之關係的行銷,有加強與顧客信賴關係的「CRM」(P.82),以及與員工、供應商、代理店和股東等建立良好關係的「夥伴關係管理」這2種。

大家有採取
統一的
行銷策略嗎?

整合行銷
(Integrated Marketing)
除了產品、價格、流通、宣傳的行銷組合,還加上促銷活動、直接行銷或面對面銷售等的整合溝通組合。

啟太繼續說明：「在全方位行銷所使用的4個行銷要素是，①關係行銷；②整合行銷溝通（P.68）；③內部行銷（P.176）；④績效行銷。搭配這4個，目的是提高顧客占有率、顧客忠誠度、顧客生涯價值，一同追求利潤與成長。」

內部行銷
（Internal Marketing）
對公司內部人員的行銷。有提供能認識自家公司角色的願景，或是對經營幹部的行銷教育等。

全方位行銷的基礎觀點是提高顧客忠誠度，提升顧客生涯價值（LTV）。

績效行銷
（Performance Marketing）
指從「如何善盡企業的社會責任」的觀點進行的行銷活動。

綠地也增加不少

這是部分營業額。希望對有困難的人有幫助。

我來支援復興

得救了

謝謝

# 05 透過遊戲提高顧客的動機？

NEW

也有加入遊戲的方法與觀點的行銷，近年來在廣泛的領域中被活用。

麻子小姐在玩手機遊戲，啟太說：「也有應用遊戲要素的行銷手法喔。」讓遊戲特有的人享受熱衷的方法與觀點，**遊戲化**是將這些應用在遊戲以外的領域，使用戶增加動機改變行動，促使他們做出目的行動的手法。近年來，藉由智慧型手機與社群媒體的普及等，遊戲化的實踐變得容易。

## 4種玩家類型

英國的遊戲研究者理察・巴特爾（Richard Bartle）說明，人分成以下4種玩家類型。這個「巴特爾測試」也被遊戲化採用。

### Achiever（達成者）

又升級了

對於「達成」感到滿足感的類型，對於完成任務、收集稱號感到喜悅。

### Explorer（探險家）

喔，這一關是第一次玩

對於「探險」感到滿足感的類型。獲得全新的知識，或是踏入未知的領域，喜歡冒險式的體驗。

### Socializer（社交家）

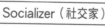

下次辦網聚吧？

對於與其他玩家交流感到喜悅的類型。對於聊天或留言板上的互動感到滿足感。

### Killer（殺人者）

嘍囉再努力也沒用啦！

享受自己占上風的類型。看到在排行榜等比別人強會感到滿足感。

例如，Nike不只能利用App服務「Nike Plus」自動經由手機記錄消耗卡路里、步數和移動距離等記錄，還和臉書合作，藉由和朋友競爭，或是收到朋友的鼓勵，成功地讓消費者繼續使用Nike的產品與服務。另外，遊戲化近年來在健身業界或人才教育等廣泛領域受到矚目。

# 讓遊戲化發揮功能的要素

美國的遊戲設計師簡‧麥戈尼格爾（Jane McGonigal）提出「樂觀性」、「生產性的體驗」、「社會結構」、「故事性」等作為「讓遊戲化發揮功能的要素」。

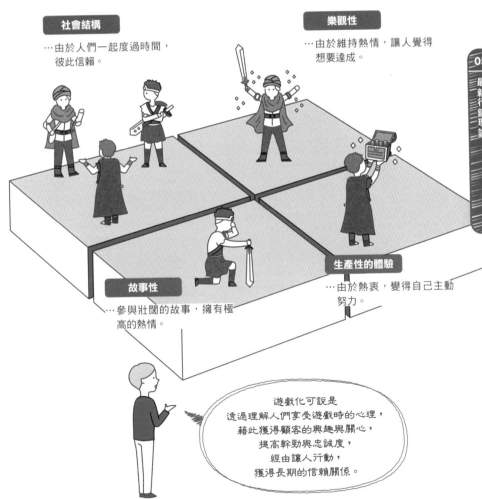

**社會結構**

…由於人們一起度過時間，彼此信賴。

**樂觀性**

…由於維持熱情，讓人覺得想要達成。

**故事性**

…參與壯闊的故事，擁有極高的熱情。

**生產性的體驗**

…由於熱衷，變得自己主動努力。

遊戲化可說是
透過理解人們享受遊戲時的心理，
藉此獲得顧客的興趣與關心，
提高幹勁與忠誠度，
經由讓人行動，
獲得長期的信賴關係。

# 06 和缺貨已經無緣？

近年來，網路與現實的融合日新月異。這種融合防止了缺貨的事態。

麻子小姐說因為缺貨買不到衣服，啟太問她：「妳知道消除缺貨的方法嗎？」那是稱為**無限貨架**的服務，在實體店面缺貨的商品，可以利用店鋪裡的手機或平板終端裝置，從自家公司的網購網站訂購。這是網路與現實融合，稱為**全通路**的一種策略型態。

## 何謂全通路？

消費者購買商品時的通路，從只有店家與顧客的「單通路」；到店家與郵購、EC網站與顧客個別連接的「多通路」；以及演變成店家、郵購或EC網站等全都總括管理的「全通路」。

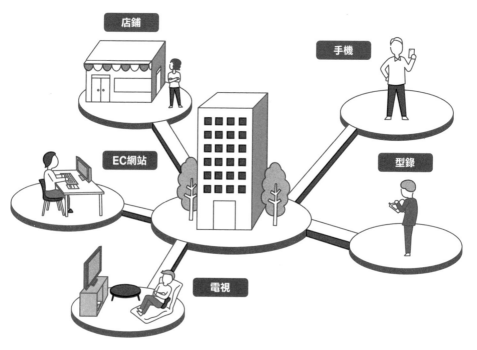

店鋪
手機
EC網站
型錄
電視

以往在實體店鋪缺貨時，就必須預約等待到貨，或是在其他店鋪或購物網站尋找，雖然實體店鋪產生巨大的機會損失，不過如果採用無限貨架，就不必擔心。最近經營實體店鋪的零售業，將自家公司的網購販售與店鋪連動，促進銷售的動作逐漸普及。

## 何謂無限貨架？

無限貨架在英文是「無盡的走廊」的意思，是避免因為缺貨失去顧客的方法。原文是「endless shelf」。

# 07 網路和實體店鋪不應該對立？

網路和實體店鋪處於競爭關係的想法已經過時了？藉由互補有更加躍進的機會。

啟太問麻子小姐：「妳知道**展示廳現象**嗎？」麻子小姐表示「不知道」，於是啟太回答。所謂展示廳現象，是指在實體店鋪預先看好商品，不在店鋪購買，而是在網路商店購買。預先看好是在實體店鋪，購買是在網路上。不過，也有企業主張網路和實體店鋪並非對立。

## 何謂展示廳現象？

例如在無印良品，為了與顧客有交集，提供了「MUJI passport」App。它具有能當成無印良品會員證使用的功能，在店鋪或網路商店購物能累積里程的功能等。這樣做的目的是，與顧客建立長期的關係，結果顧客就會光顧無印良品的店鋪和網路商店。

## MUJI passport的機制

下載行動App「MUJI passport」後，在店鋪或網路商店購物除了能累積「MUJI里程」，還能利用各種服務。

# 08 信用卡公司的行銷手法

現代的消費活動不能缺少信用卡。那麼，信用卡公司是如何行銷呢？

麻子小姐用信用卡購物，啟太對她敘述信用卡公司的全新行銷手法。「那就是 **CLO**。分析信用卡會員的購買記錄，發布並提供適合該會員的商店特典（優惠券）。會員選擇並出示想要的特典，再來實際前往店家用信用卡支付，就會自動收到折扣優惠券或現金回饋等特典。」

## CLO的機制

從2008年在美國開始發展的CLO（Card Linked Offer），是根據信用卡使用者的特性與結帳記錄，顯示優惠券或特典的系統。

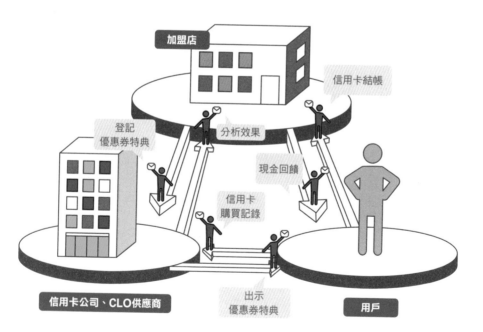

加盟店

信用卡結帳

登記優惠券特典

分析效果

現金回饋

信用卡購買記錄

信用卡公司、CLO供應商

出示優惠券特典

用戶

「CLO對於會員、店家、信用卡公司3方都有好處。信用卡會員的好處是，可以獲得適合自己的特典，以及不需要在店家出示特典的紙本或啟動手機App等。另外，店家可以只吸引目標顧客，不必投資新的設備或變更策略。至於信用卡公司的好處是，可以提高每一名信用卡會員的消費額。」

# CLO的好處

由於使用者、信用卡公司、加盟店分別都有好處，所以CLO的機制近年來在日本也受到關注。

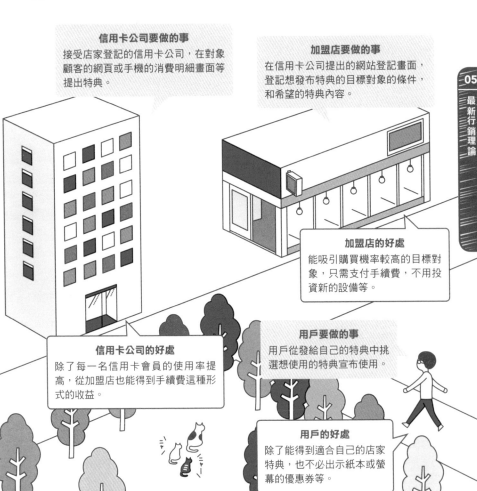

**信用卡公司要做的事**
接受店家登記的信用卡公司，在對象顧客的網頁或手機的消費明細畫面等提出特典。

**加盟店要做的事**
在信用卡公司提出的網站登記畫面，登記想發布特典的目標對象的條件，和希望的特典內容。

**加盟店的好處**
能吸引購買機率較高的目標對象，只需支付手續費，不用投資新的設備等。

**信用卡公司的好處**
除了每一名信用卡會員的使用率提高，從加盟店也能得到手續費這種形式的收益。

**用戶要做的事**
用戶從發給自己的特典中挑選想使用的特典宣布使用。

**用戶的好處**
除了能得到適合自己的店家特典，也不必出示紙本或螢幕的優惠券等。

# 09 蘋果、臉書等知名企業所採用

NEW

經營公司的啟太非常嚮往蘋果。
像蘋果這種嶄露頭角的企業進行的經營手法是什麼？

---

啟太非常嚮往蘋果這家企業，他開始向麻子小姐講述蘋果所採用的經營手法。
那就是策略諮詢公司貝恩策略顧問（Bain & Company）所提倡，聚焦在「顧客滿意度」的經營手法**網路忠誠顧客經營**。最大的特色是為了測量「顧客滿意度」，利用「**NPS**（Net Promoter Score，淨推薦值）」這個指標。

## 算出NPS的方法

①對於調查對象從0～10的11個階段選擇推薦的可能性。
②10和9是「推薦者」、8和7是「中立者」、6～0設定為「批評者」。
③從推薦者的比率（％）減去批判者的比率（％），算出NPS。

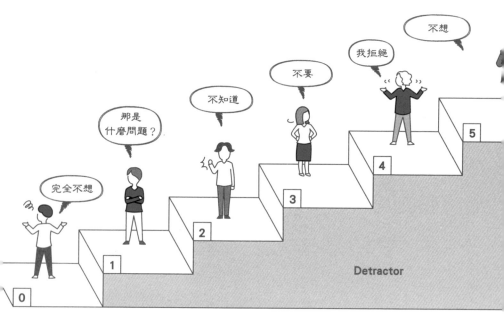

所謂NPS，是測量顧客對產品與服務、品牌、企業等的忠誠度的指標。「你會想把它推薦給朋友或同事嗎？」面對這個問題的回答，藉由0～10的11個階段調查。10～9是「推薦者（Promoter）」、8～7是「中立者（Neutral）」、6以下是「批評者（Detractor）」。而推薦者所占的比率減去批評者的數值就是NPS。

# 故意掀起「網路論戰」
# 得到關注？

　　在部落格或社群網站等社群媒體上得到關注的手段，有刻意利用「網路論戰」，叫做「網路論戰行銷」的手法。網路論戰行銷的成功例子，以印了羅馬尼亞國旗的國民點心，巧克力製造商「ROM」最為有名。

　　該公司為了解決營業額低迷的問題，在網站上通知印在包裝盒上的國旗將變更為美國國旗（星條旗），意圖引起國民的反感，掀起「網路論戰」。之後將包裝盒恢復原狀，告知「由於國民的愛國心所以恢復成原本的包裝盒」，結果營業額增加，這項企劃在坎城國際廣告節獲得了年度大獎。

　　但是，網路論戰行銷的成功例子極少，毀損品牌的風險也極大。近年來即使匿名也能肉搜出本人，由於誹謗等被索討高額賠償金的案件也增加了。

## chapter.06

# 向強大企業學習
# 商業模式①

惠美小姐

麻子小姐這次去找
擔任經營顧問的惠美小姐玩。
惠美小姐教她身邊的店家
執行的商業模式。

# 01 7-11 與星巴克的策略為何？

經營顧問惠美小姐簡單明瞭地傳授身邊的店家進行的行銷手法。

麻子小姐和惠美小姐在咖啡廳聊天。惠美小姐詢問：「妳知道集中於特定地區顧客的**優勢策略**嗎？」「這是星巴克咖啡和 7-11 進行的策略，在狹小的區域開多家店面，讓物流的效率變好。另外，宣傳效率也變好，除了提高在該地區的知名度，其他公司也很難進入市場（**進入障礙**）。」

## 從全地區轉變成特定地區

●傳統的開店策略

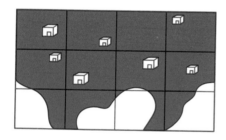

擴大連鎖店時，為避免同系列的店家彼此競爭，在廣大的地區開店。

●優勢策略

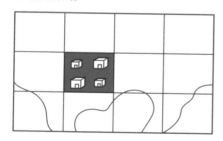

集中在特定地區開店，在該地區內奪下壓倒性的市占率。

惠美小姐繼續說明：「例如，7-11當初讓酒店加入加盟店，成功做出差異化變成也賣酒的超商。商品豐富、服務也不錯，客人就不會去其他超商，此外如果打入相鄰區域，身為市占率NO.1的店也容易被接受。雖然同系列的店在附近也有可能互打，不過扣除這點仍有極大的好處。」

## 優勢策略的好處

優勢策略並非以各種地區的顧客為對象，而是集中在特定地區的顧客的觀點。

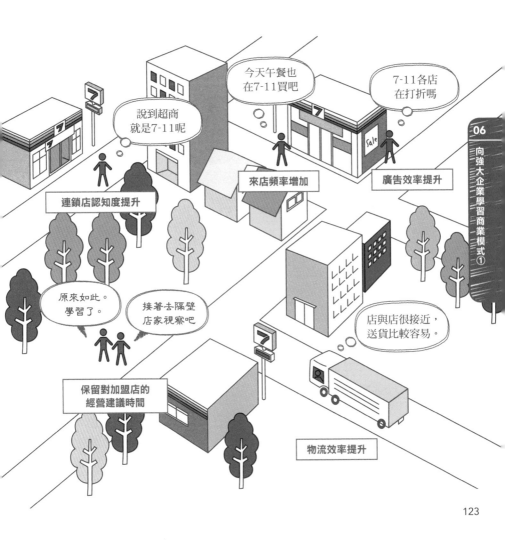

# 02 QB HOUSE收費 那麼便宜能賺錢嗎？

QB HOUSE以便宜的理髮費用而聞名。QB HOUSE具備即使收費 便宜也能經營下去的策略。

經過QB HOUSE 店門前的麻子小姐向惠美小姐發問：「理髮費用1000日圓很 便宜呢。能應付人事費等開銷嗎？」惠美小姐回答：「QB HOUSE藉由**藍海 策略**（P.54）創造出全新的市場。藍海能以『增加』、『減少』、『附加』、 『消除』等方法發現。尤其『減少』、『消除』後，容易產生絕無僅有的事 業。」

## 傳統理髮店和QB HOUSE的比較

●傳統理髮店（紅海）

競爭對手很多，要持續經營就必須克服競爭。

需求
假日想好好地
放鬆身心。

即使做同樣的生意，
因為有很多理髮店，
所以很難
全新加入呢。

傳統理髮店的例子（DATA）
所需時間：約1小時
服務：理髮、剃鬍子、按摩、吹頭髮
費用：4000日圓左右
地點：自家附近

QB HOUSE「消除」傳統理髮店的洗頭、吹頭髮、剃鬍子、按摩等要素，「附加」10分鐘就會結束，費用1080日圓的要素，創造出全新的商業模式。滿足了忙碌的商務人士想在平日的空閒時間，在職場附近便宜快速輕鬆地理髮的需求。由於客人的翻桌率很快，所以收益率也高，據說員工的薪水也不錯。

## ●QB HOUSE（藍海）

創造出全新的市場，產生利潤。

QB HOUSE的例子（DATA）
所需時間：10分鐘
服務：理髮
費用：1080日圓
地點：辦公街、車站或其周邊

125

# 03 吉列和雀巢進行的商業模式是什麼？

吉列和雀巢的策略在銷售後也提高收益。
也有更進一步的策略。

麻子小姐接到惠美小姐的提問：「妳知道**吉列模式**嗎？」麻子小姐問道：「這和刮鬍刀廠商吉列公司有關係嗎？」惠美小姐回答：「正是從那家吉列公司開始的商業模式。」吉列模式是將刮鬍刀的刀柄和刀刃分別販售的商業模式，便宜販售刀柄，廣泛普及後再用替換的刀刃賺錢的方法，也叫做「刮鬍刀與刀刃」模式。

## 讓便宜的本體普及，持續販售配件

**1年後**

購買刀柄的客人也買了備用刀片，持續產生利潤。

**現在**

即使只賣刀柄也才幾百日圓，沒什麼利潤。

所謂吉列模式是，便宜販售本體使之廣泛普及，持續販售附屬的消耗品的商業模式。

很便宜呢

另外，咖啡廠商雀巢也採用了吉列模式。以便宜的價格販售咖啡機，再讓顧客購買咖啡機所使用的即溶咖啡提高收益，採取這樣的方法。此外，雀巢有員工舉手表示想在自家公司辦公室設置咖啡機，該名員工購買補充的咖啡膠囊，並向辦公室裡的同事收取費用。

## Nespresso的商業模式「5大重點」

⑤收益
…Nespresso銷售收益＋咖啡膠囊的持續性收益。

③經營資源
…咖啡機出色的設計。

②顧客價值
…藉由製成膠囊的咖啡，能輕鬆地在職場或家庭享受美味現沖的咖啡。

Nespresso咖啡機
本身是商品，
同時也像是咖啡膠囊的
銷售員。謝天謝地…

雀巢員工

①顧客
…想在職場或家庭品嚐現沖咖啡的香氣和滋味的人。

④差異化
… 有品牌的食品公司販售電氣產品（Nespresso咖啡機）。

# ZARA為何總是擺放不同的商品？

ZARA總是備齊新商品。他們沒有徒勞的商業模式是什麼？

麻子小姐去逛ZARA，對於總是有新商品感到很不可思議。她問惠美小姐，得到「因為ZARA進行**SPA模式**」的答案。在SPA模式，從生產到販售以一條龍進行，藉由IT管理一連串的步驟消除浪費。物流方面也是自家公司擁有卡車。藉此不僅能快速推出新作，也能減少庫存風險。

## 何謂SPA？

ZARA採用SPA這種商業模式，將自家公司品牌商品從企劃到販售一貫以自家公司進行。

### ●傳統服飾店

中途的步驟委託其他公司。從設計到擺在店頭得花上半年，所以有時流行改變，不得不打折販售。因而一開始常常提高價格。

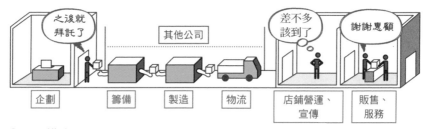

### ●SPA模式

以價值鏈整體共享資訊，防止產品製作過剩，就能抑制成本。另外，製作商品可以及時加入流行元素。

另外，相同商品在ZARA只會製作一定數量。即使某件商品很暢銷，也不會再度販售同樣的商品。另一方面對流行很敏感，加入流行設計的商品很快製成商品，擁有僅僅2週就能販售的技術。若不當下購買就可能會售罄，展現出稀少性，因此一度購買的人會變成回頭客，反覆上門購買。

## ZARA的商業模式

ZARA僱用大量的年輕設計師，讓流行的設計很快製成商品，頻繁地變更店裡的配置與商品，因此比起同業其他公司的時尚品牌，每一名顧客的來店次數約為6倍。

# 在活動中搶手的
# 光雕投影

　　所謂「光雕投影」，是利用投影機，在建築物與物體，或是空間等放映出影像的技術。

　　測量作為投影對象的建築物與物體的正確數據，投影時影像才會剛好重疊。這項技術活用電腦圖像（CG）等，讓巨大怪獸爬上建築物，或是建築物變形，能夠體驗夢幻的表演，所以目前很受歡迎。以東京車站等城市地標為投影對象的大規模活動，由於太受歡迎造成擁擠，演變成被迫中止的事態。

　　光雕投影比起傳統的煙火或噴水秀等光與聲音的活動與表演，由於是對現有的東西投影，雖然也得看規模，不過能夠比較便宜地進行。因此在行銷或集客活動等，今後也受到期待能更加豐富地活用。

## chapter.07

# IT／社群媒體
# 行銷

叔叔

麻子小姐認為今後的時代，
沒有網路媒體，行銷就無法成立。
在IT企業工作的叔叔
將對麻子小姐進行解說。

# 01 持續劇變的網路媒體

網路媒體日復一日持續進化。
今後的行銷,網路媒體是必須的!

麻子小姐認為,今後的時代花店也必須在網路上行銷。她調查了網路媒體的歷史。在IT企業工作的叔叔聽說這件事,便決定向她進行解說。「網路黎明期1990年代中期,開設網站的企業還很少,1999年以後,總算藉由i-mode等行動電話使網路服務的利用普及。」

## 網路媒體的變遷

藉由網路媒體的發達,資訊傳遞從大眾媒體的單向通行變成雙向,個人之間的交流、企業與個人的交流等變得積極。今後,即時性和個人與企業的持續對話的重要性等仍會增加。

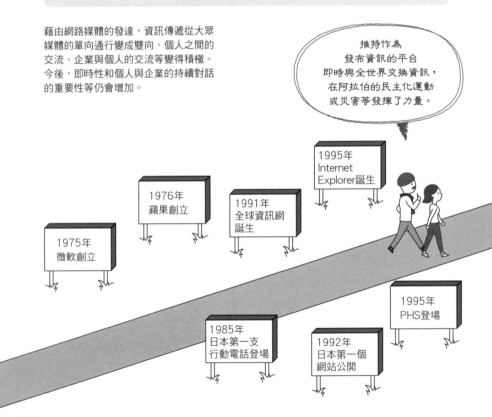

推特作為發布資訊的平台即時與全世界交換資訊,在阿拉伯的民主化運動或災害等發揮了力量。

1995年
Internet Explorer誕生

1976年
蘋果創立

1991年
全球資訊網誕生

1975年
微軟創立

1995年
PHS登場

1985年
日本第一支行動電話登場

1992年
日本第一個網站公開

2004年，部落格或mixi等**社群媒體**登場，變成了個人發布資訊的時代。2006年RSS登場，進化成用戶能享受自己個人網路的**自媒體**。用戶自己變得可以編輯顯示內容。從2010年臉書和推特等由於智慧型手機普及，急速滲透到人們生活中，個人之間或企業與個人的交流變得活絡。此外從2014年Instagram、LINE等非常受歡迎。

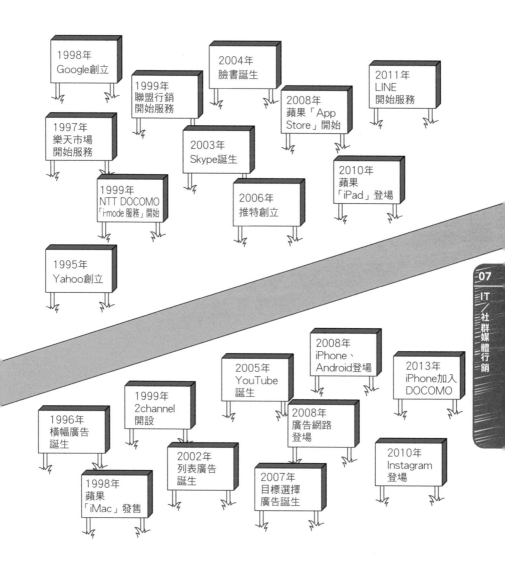

07
IT／社群媒體行銷

# 02 搭配3種媒體 非常重要

三種媒體行銷是數位時代的重要策略。這個三種媒體是指什麼媒體呢？

麻子小姐詢問叔叔，最近數位時代行銷常常聽到的**三種媒體**是什麼？這個概念是2009年由日本廣告主協會所提倡，指**付費媒體**（Paid Media）、**自有媒體**（Owned Media）、**賺得媒體**（Earned Media）這3種媒體。搭配這三種媒體，把潛在客戶變成自家公司的顧客正是重點。

## 三種媒體的作用

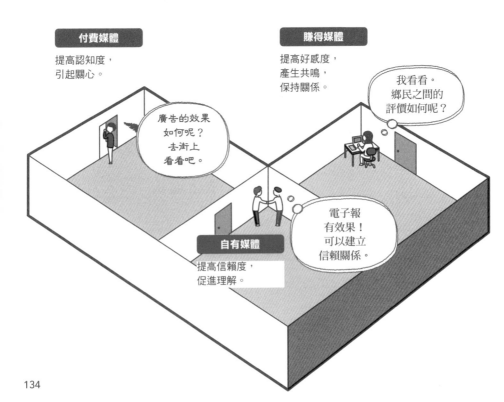

付費媒體
提高認知度，引起關心。

賺得媒體
提高好感度，產生共鳴，保持關係。

自有媒體
提高信賴度，促進理解。

廣告的效果如何呢？去街上看看吧。

我看看。鄉民之間的評價如何呢？

電子報有效果！可以建立信賴關係。

叔叔說，付費媒體是買來的媒體，也就是藉由廣告提高認知度，引起關心。自有媒體是擁有的媒體，如公司網站、部落格或電子報等由自家公司營運的媒體，能促進對自家公司的理解，提高信賴度，賺得媒體是獲得信賴與評價的媒體，如社群網站、口碑留言板等，自家公司無法控制正是特色——從各自的作用可以得知其必然性。

## 搭配3種媒體非常重要

雖然3種媒體各自獨立，但彼此是內容發布者、擴散者、仲介者，這種相互關係是成立的。3者妥善發揮功能，就能增加自家公司的顧客。

**自有媒體（發布者）**

擁有的媒體，也就是自家公司用來營運可以控制的媒體。具體而言有公司的網頁、電子報、自家公司營運網站、部落格、自家公司的店鋪或商品包裝盒等。也包含實體店鋪等。

**付費媒體（仲介者）**

買下的媒體，也就是廣告。具體而言有電視或電台的廣告、報紙、雜誌、網路、屋外等廣告、傳單等。近年來，付費媒體（廣告）的效果逐漸下降。

**賺得媒體（擴散者）**

獲得信賴與評價的媒體，也就是社群網站、口碑留言板、影片投稿網站、自家公司以外的部落格、電子商務網站的口碑或評論等。特色是自家公司無法控制。

# 03 讀解網路時代的消費行動

由於網路普及帶來的影響，大幅改變的消費行動的發展趨勢為何？

有什麼方法能讀解網路時代的消費行動的發展趨勢呢？叔叔說，**AIDMA**和**AISAS**這些框架非常有名。AIDMA是1920年代美國的山姆・羅蘭・霍爾（Samuel Roland Hall）（※）所提倡的消費行動模型，他將購買前的流程分成「注意（Attention）」、「興趣（Interest）」、「欲求（Desire）」、「記憶（Memory）」、「行動（Action）」這5項。AIDMA是英文字首。

## AIDMA的法則

所謂「AIDMA」，是將消費者購買前的流程分類成下述5項，取英文字首而成。

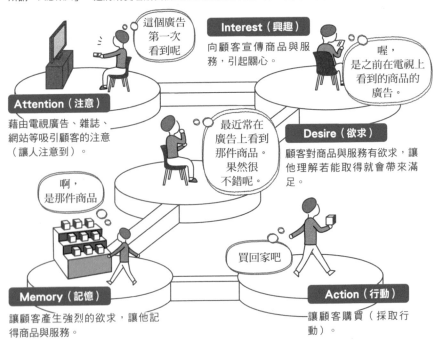

**Attention（注意）**
藉由電視廣告、雜誌、網站等吸引顧客的注意（讓人注意到）。

**Interest（興趣）**
向顧客宣傳商品與服務，引起關心。

**Desire（欲求）**
顧客對商品與服務有欲求，讓他理解若能取得就會帶來滿足。

**Memory（記憶）**
讓顧客產生強烈的欲求，讓他記得商品與服務。

**Action（行動）**
讓顧客購買（採取行動）。

※山姆・羅蘭・霍爾…銷售、廣告實用書的作者，在書中提倡「AIDMA」。

另一方面，AISAS是藉由網路普及反映出影響，由電通提倡，並註冊商標。它分成「注意（Attention）」、「興趣（Interest）」、「搜尋（Search）」、「行動（Action）」、「分享（Share）」這5項。注意到商品後在搜尋引擎調查，購買商品後，透過社群網站等社群媒體，消費者彼此分享對商品的感想。近年來，口碑對消費者的決定造成極大的影響。

## AISAS的法則

所謂「AISAS」，雖然和「AIDMA」同樣是消費者購買前的流程，不過藉由網路普及反映出影響。

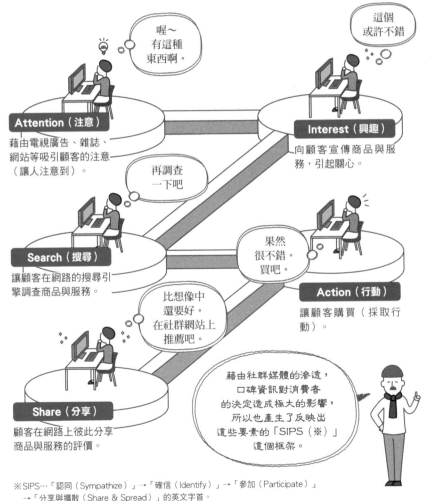

喔～
有這種
東西啊。

這個
或許不錯

**Attention（注意）**
藉由電視廣告、雜誌、網站等吸引顧客的注意（讓人注意到）。

**Interest（興趣）**
向顧客宣傳商品與服務，引起關心。

再調查
一下吧

**Search（搜尋）**
讓顧客在網路的搜尋引擎調查商品與服務。

果然
很不錯。
買吧。

**Action（行動）**
讓顧客購買（採取行動）。

比想像中
還要好。
在社群網站上
推薦吧。

**Share（分享）**
顧客在網路上彼此分享商品與服務的評價。

藉由社群媒體的滲透，
口碑資訊對消費者
的決定造成極大的影響，
所以也產生了反映出
這些要素的「SIPS（※）」
這個框架。

※SIPS…「認同（Sympathize）」→「確信（Identify）」→「參加（Participate）」
　→「分享與擴散（Share & Spread）」的英文字首。

# 04 持續快速成長的網路廣告

不久的將來網路廣告將超越電視廣告，展現預料中的快速成長，它的現況如何？

根據叔叔參考的電通發表「2017年日本的廣告費」，總廣告費前年比是101.6%，為6兆3907億日圓。依各媒體來看，報紙、雜誌廣告持續減少，尤其行動裝置上的運用型廣告、影片廣告的成長更為加速，網路廣告媒體費前年比是117.6%，為1兆2206億日圓，顯示出**連續4年兩位數成長**的高度成長，媒體構成比也是23.6%。繼電視之後變成了廣告媒體。

## 2017年各媒體廣告費

網路廣告是繼電視之後第2名的媒體。在美國2013年網路的廣告費超越了電視。

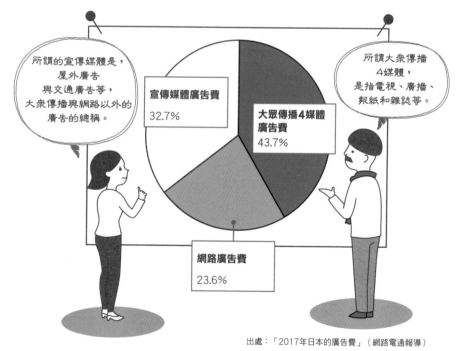

所謂的宣傳媒體是，屋外廣告與交通廣告等，大眾傳播與網路以外的廣告的總稱。

宣傳媒體廣告費 32.7%

大眾傳播4媒體廣告費 43.7%

所謂大眾傳播4媒體，是指電視、廣播、報紙和雜誌等。

網路廣告費 23.6%

出處：「2017年日本的廣告費」（網路電通報導）

接著根據電通、CCI、D2C調查「2017年日本的廣告費網路廣告媒體費詳細分析」，2017年以智慧型手機為主的行動裝置廣告市場為8317億日圓。叔叔說，廣告主買下媒體的廣告框，製作的圖像形成的橫幅廣告等稱為**純廣告**，收費表有保證imp（廣告出現次數）與PV、保證期間和保證點擊等各種類型。

## 行動裝置廣告與桌面廣告

●2017年的網路廣告媒體費

2018年的網路廣告媒體費預測總額將超過1兆4000億日圓。

在廣告類型中展示廣告和列表廣告占整體約80%，不過近年逐漸增加的影片廣告，今後也預測將不斷擴大。

**行動裝置廣告**
8317億日圓
68.1%

**桌面廣告**
3890億日圓
31.9%

出處：「2017年日本的廣告費網路廣告媒體費詳細分析」（電通、CCI、D2C）

●網路媒體的保證

**保證PV**
保證廣告、PV（頁面瀏覽次數）顯示的次數。

**imp**
在達到決定的訪問次數前保證刊登。顯示次數會依照廣告費變動。

**保證期間**
保證在廣告框的刊登期間。

**保證點擊**
在達到決定的訪問次數前保證刊登。

# 05 藉由關鍵字縮小目標

能以關鍵字為單位刊登的「列表廣告」具有何種效果呢？

---

在Yahoo！或Google等搜尋引擎搜尋時，與結果連動顯示「贊助者」正是**列表廣告**。叔叔說，這稱為搜尋連動型廣告。搜尋關鍵字包含用戶的興趣或關心的事，由於能夠目標選擇，所以被點擊的機率很高。而且只是顯示不花費用，因為按照點擊數產生廣告費用，所以也稱為**PPC（Pay Per Click）廣告**。

## 列表廣告的顯示例子

所謂列表廣告，是在Yahoo！或Google等
搜尋引擎的搜尋結果顯示的廣告。

由於列表廣告
會按照點擊數產生廣告費用，
所以也稱為PPC廣告。
「Yahoo! 宣傳廣告」、
「Google AdWords」
等非常有名。

Google 經營學只用看的筆記 🔍

○○○○○○○○○○○○○○
廣告 ━━━━━━━━━
○○○○○○○○○○○○○○     列表廣告
廣告 ━━━━━━━━━

○○○○○○○○○○○○○○     搜尋結果
━━━━━━━━━━━

「廣告主能自由指定關鍵字，關鍵字若有多個出價，依出價價格和廣告品質（點擊率等）決定廣告等級，藉此決定刊登順位。」叔叔繼續說道。因此為了顯示在上層，有時得付高額廣告費。主要刊登媒體是「Yahoo！宣傳廣告」和「Google AdWords」，前者在日本的列表廣告占約6成，後者占約3成。

## 列表廣告的優缺點

●優點

①可以接觸
需求明確的顯在客層

由於能挑選盡量接近結果的搜尋關鍵字打廣告，所以能有效率地獲得顯在的需求。

②為了點擊課金
能從低預算開始

若是沒有點擊，廣告主就不用付費。也有關鍵字規劃工具，能事前模擬點擊數會有多少。

●缺點

①瞄準競爭多的關鍵字
會變成高額費用

由於是出價制，所以轉換（※）率高的關鍵字有時單價非常高。

※轉換…電子商務網站或企業網站等要求的最終成果（瀏覽者購買商品、註冊會員、索取資料等）。

②運用很費工夫

由於也是運用型廣告，一旦開始後就需要運用的資源。由於也需要運用的知識，所以也需要一定程度的學習。

# 06 想要在搜尋引擎顯示在上面

讓搜尋引擎上搜尋的關鍵字顯示在上面的祕訣是什麼？

叔叔為了讓自家公司網站的搜尋顯示在上面，所下的工夫是**SEO**（搜尋引擎最佳化）。此外除了SEO，也包含關鍵字連動型的列表廣告等廣告，他傳授了綜合性地從搜尋引擎增加自家公司網站訪問次數的行銷方法**SEM**（搜尋引擎行銷）。

## SEO的具體對策

搜尋引擎基本上追求「降低低品質網站的刊登順位，同時適當地評價優質網站的刊登順位」。為了提高搜尋結果，也必須提高自家公司網站的水準。

④在網站上關鍵字的使用方法和頻率的工夫。

③網站配置最佳化。

SEO對策的路程（應改善之處）

②給予Meta Tag（將網頁資訊傳給搜尋引擎或瀏覽器等的標籤）或適當的頁面標題。

①網站的內容、品質、架構的充實（適合搜尋關鍵字的內容品質的充實）。

由於約8成用戶只看搜尋結果的第1頁，所以顯示在上面確實比較容易讓目標客層看到。實際上，搜尋有9成是根據Google的演算法，因此請確認「Google揭露的10項事實」，參考「搜尋引擎最佳化初學者指南」和「網站管理員專屬指南」。「最重要的是充實適合搜尋關鍵字的內容品質。」叔叔說。

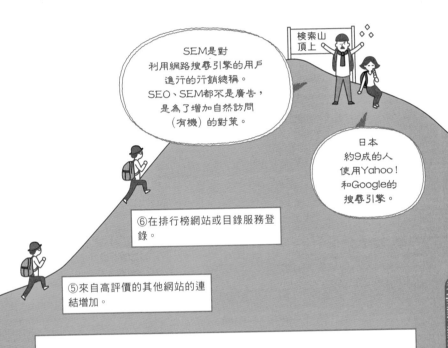

SEM是對利用網路搜尋引擎的用戶進行的行銷總稱。
SEO、SEM都不是廣告，是為了增加自然訪問（有機）的對策。

檢索山頂上

日本約9成的人使用Yahoo！和Google的搜尋引擎。

⑥在排行榜網站或目錄服務登錄。

⑤來自高評價的其他網站的連結增加。

### Google揭露的10項事實

1 對用戶縮小焦點，其他內容都會隨後跟上。

2 最好是對1件事徹底鑽研好好地去做。

3 越快越好。

4 在網路上民主主義也有發揮功能。

5 想找資訊並非只有在電腦前面的時候。

6 不用做壞事也能賺到錢。

7 世上仍然充斥著各種資訊。

8 資訊的需求跨越所有的國境。

9 即使沒有西裝也能認真工作。

10 「卓越」還不夠。

07 IT／社群媒體行銷

143

# 07 何謂不像廣告的廣告？

用戶容易點擊，自然提供資訊的廣告是什麼？

叔叔正在討論，比起明顯知道是廣告的橫幅廣告和列表廣告，「包含對讀者有益的資訊，感覺不像廣告的自然的廣告」——**原生廣告**比較好。實際上也有報告指出，比較之下也具有較高的廣告效果。由於製作廣告得花成本與時間，所以斟酌內容是否對用戶有價值，是否損及商品與企業的品牌形象，這也非常重要。

## 原生廣告與橫幅廣告的差異

不覺得像廣告，內容也是有益價值內容的原生廣告，不會讓觀眾有厭惡感，也容易點擊。此外，由於原生廣告的品牌行銷要素很強烈，所以推出時不只宣傳，斟酌是否包含對讀者而言更有益的資訊正是重點。

# 08 一次在多個網站發布廣告

可以在多個媒體發布廣告的「廣告網路」的機制是什麼？

叔叔以往委託各媒體個別刊登廣告，不過將多個廣告媒體的網站網路化的廣告發布機制，**廣告網路**登場後有了極大的改變。比較、研究網站，藉由出價制一站式發布廣告，變得可以委託廣告網路業者。廣告效果測量數據的可信度也很高，自家公司不必進行數據分析，令叔叔感到高興。

## 廣告網路的機制

廣告主和廣告代理店由於廣告網路登場，變得能以一站式在多個網站發布廣告。

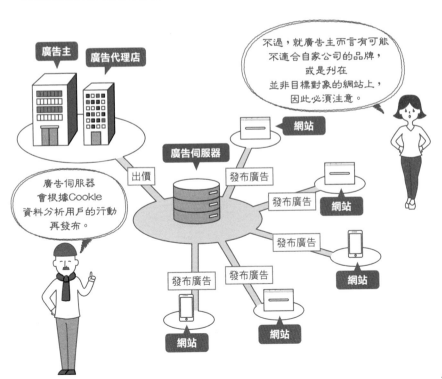

145

# 09 能發布最佳化的廣告

以廣告發布效果最大化為目標的廣告科技的平台是什麼？

相對於總括複數廣告媒體網站的廣告網路，此外總括複數廣告網路的網路廣告交易平台，能發布最佳化廣告的付費平台**DSP**（Demand-Side Platform）的機制是什麼？麻子小姐向叔叔請教了這個問題。沒想到經由DSP，廣告庫存的購買與發布、刊登頁面和設計與文案等創意的分析、出價單價的調整等都能自動最佳化。

## DSP、SSP的機制與流程

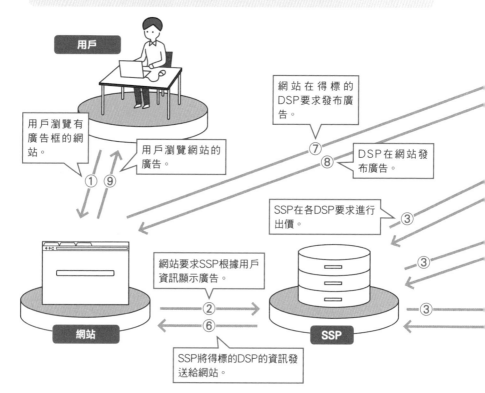

用戶

用戶瀏覽有廣告框的網站。

用戶瀏覽網站的廣告。

網站在得標的DSP要求發布廣告。

⑦
⑧ DSP在網站發布廣告。

① ⑨

SSP在各DSP要求進行出價。 ③

網站要求SSP根據用戶資訊顯示廣告。

② →
⑥ ←

③
③
③

網站

SSP

SSP將得標的DSP的資訊發送給網站。

另一方面，讓廣告媒體方的收益自動最佳化、最大化的平台**SSP**（Supply-Side Platform），決定發布哪些廣告的機制叫做**RTB**（即時出價，Real-Time Bidding）。各企業從自家公司網站的連結記錄和IPOS數據等，匯集自家公司行銷資料庫的平台叫做私有**DMP**（Data Management Platform）。叔叔預測，今後DMP將會越來越重要。

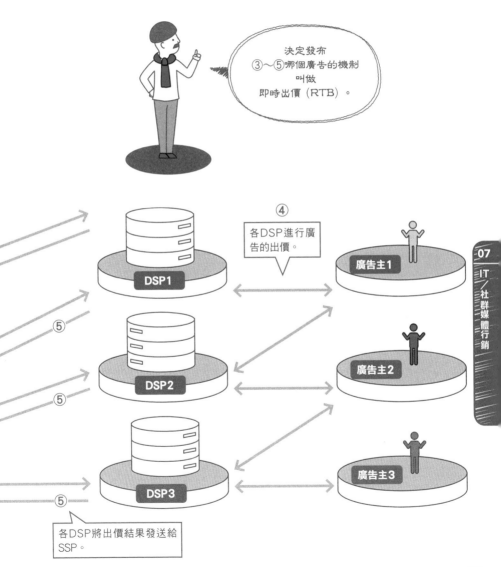

決定發布③～⑤哪個廣告的機制叫做即時出價（RTB）。

④各DSP進行廣告的出價。

各DSP將出價結果發送給SSP。

# 10 分析用戶的真實心聲

能夠掌握潛在顧客的需求的「社群聆聽」是什麼？

在IT企業工作的叔叔，根據社群媒體上人們對話與發言的數據，掌握流行，對自家公司、品牌及商品的評價進行調查分析，擬定改善方案。這叫做**社群聆聽**，一般人實際上有何感受、不滿或抱怨是否逐漸增加、廣告的反應如何等，是能掌握潛在心聲的有效手段。

## 透過社群聆聽得知的事

雖然問卷調查、團體訪談（group interview）和處理客訴也有效，不過藉由社群聆聽，更能掌握一般人實際上有何感受。

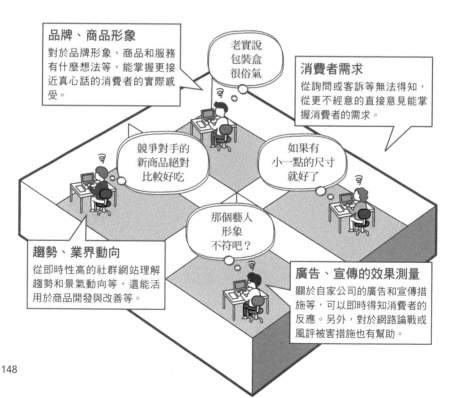

**品牌、商品形象**
對於品牌形象、商品和服務有什麼想法等，能掌握更接近真心話的消費者的實際感受。

老實說包裝盒很俗氣

**消費者需求**
從詢問或客訴等無法得知，從更不經意的直接意見能掌握消費者的需求。

競爭對手的新商品絕對比較好吃

如果有小一點的尺寸就好了

那個藝人形象不符吧？

**趨勢、業界動向**
從即時性高的社群網站理解趨勢和景氣動向等，還能活用於商品開發與改善等。

**廣告、宣傳的效果測量**
關於自家公司的廣告和宣傳措施等，可以即時得知消費者的反應。另外，對於網路論戰或風評被害措施也有幫助。

此外叔叔暗示了極大的可能性：「藉由從社群媒體獲得的大數據，可以預測選舉結果或流感的流行等不久的將來。」不過為此得利用推特、臉書、部落格等，建立能聆聽消費者的意見並且仔細對應的體制，教育人才、研究成本效益、此外也需要分析數據的專業知識與專家等，實在令人煩惱。

# 社群聆聽的流程

在社群聆聽時，藉由以下的流程分析資訊。必須注意一點，光是分析數據往往會忽視少數意見。另外，要落實於現實的措施，必須與行銷緊密地合作。

**Step 1** 決定要分析什麼
**Step 2** 定義作為對象的總體
**Step 3** 收集資訊
**Step 4** 分析大致的「流程」
**Step 5** 擬定分析的假說
**Step 6** 根據假說深入挖掘

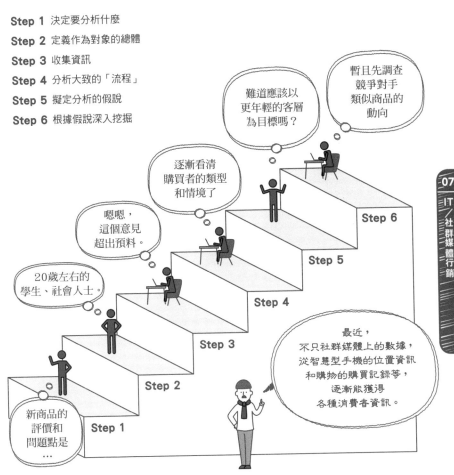

# 11 社群媒體上的相關關係

作為表示社群媒體上相關關係的概念廣為普及的「社交圖表」是什麼？

又向叔叔詢問**社交圖表**時，他回答：「指社群網站等社群媒體上人們的連結與相關關係，以點和線表示的圖，或者是資料。表示人的點是節點，表示關係性的線是邊。」以臉書的「按讚」連接的用戶能交換資訊的服務也是其中之一，也進行分析資訊的行銷運用及與網路服務的合作。

## 何謂社交圖表？

社交圖表是表示人們相關關係的圖或資料，以節點和邊來表示。

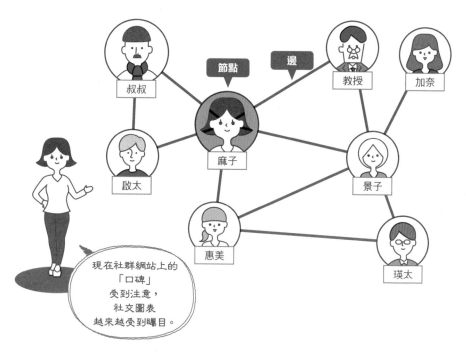

# 12 影片廣告的內容品質很重要

現在影片廣告最受到矚目。產生共鳴、引起口碑的重點是什麼？

孩子將來想從事的職業，頗受歡迎的YouTuber的影響力，包含叔叔在內的行銷人員也注意到了。甚至誕生了YouTuber專門的經紀公司等。值得注意的是這些影片播放的過半數是手機等**行動裝置專屬廣告**。另外Instagram等影片、圖像類網站急速成長，藉由與社群媒體合作，臉書和推特的影片內容也快速增長。

## 影片廣告的優缺點

影片的優點
· 能傳達詳細的內容
· 製作影片意外地簡單
· 容易獲得對方的信賴
· 眼睛不方便的人也能體驗

影片的缺點
· 收看得花時間
· 很難在公共場所收看
· 檔案很大
· 由於搜尋引擎無法辨識圖片，所以必須以文字標籤明示
· 串流比起下載成本更高

影片廣告的重點是產生共鳴，引起口碑的內容。

07
IT／社群媒體行銷

151

# 13 影響者、大使是什麼？

在網路廣告界，有各種與口碑效果相關的用語。來確認它們的意思吧！

叔叔經常使用的用語是**影響者**。指藝人或運動選手等「對許多人的消費行動造成影響的名人」，是廣告想起用的人。另一方面，「產品與服務的支持者，憑自己的意思推薦給別人的人」叫做**倡導者**，具有「代言人」的意思。而具有基督教「傳教士」意思的**傳播者**，也是身為支持者（信徒）推廣給周遭的人。

## 口碑效果的影響力

藉由社群媒體的普及，不只名人，將一般人引起的口碑效果利用於宣傳企業產品與服務的動作增加了。

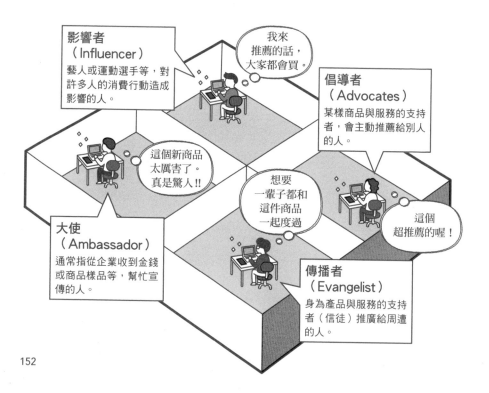

影響者（Influencer）
藝人或運動選手等，對許多人的消費行動造成影響的人。

我來推薦的話，大家都會買。

倡導者（Advocates）
某樣商品與服務的支持者，會主動推薦給別人的人。

這個新商品太厲害了。真是驚人!!

想要一輩子都和這件商品一起度過

這個超推薦的喔！

大使（Ambassador）
通常指從企業收到金錢或商品樣品等，幫忙宣傳的人。

傳播者（Evangelist）
身為產品與服務的支持者（信徒）推廣給周遭的人。

此外，所謂的**大使**是「從企業收到金錢，幫忙宣傳的人」，和影響者不同，與有無影響力無關，叔叔繼續說道。順帶一提，活用一般人口碑的行銷手法叫做大使方案。結果，口碑的形式並非一種，重點是實際上企業如何活用，提高成績。

## WOMMA定義的11種口碑手法

2004年在美國設立的WOMMA（World Of Mouth Marketing Association／口碑行銷協會），將以下11種手法定義為口碑手法。

### 話題行銷
人為產生口碑，推廣商品與服務的話題。

### 影響者行銷
活用影響者打開商品等的知名度和興趣。

### 病毒行銷
主要藉由網路上的口碑宣傳商品與服務的手法。

### 善因行銷
購買特定商品等與社會貢獻有關，以這點吸引消費者。

### 社群行銷
活用商品與服務的支持者的社群。

### 對話創造
藉由獨特的廣告、宣傳口號或促銷活動等製造話題。

### 群眾行銷
組織個人等級的志工，提供活動動機。

### 品牌部落格
品牌變成部落格的贊助者，提供有益的資訊和資訊交換的場地。

### 傳播者行銷
培育、支援將商品與服務推廣給周遭人們的傳播者。

### 推薦計畫
對於支持者提供商品等能介紹給身邊人們的工具。

### 品牌播種
對於在特定領域具有影響力的個人，提供商品資訊與樣品。

先看這個數量可知社群時代的口碑行銷的重要性呢。

出處：「Types of World of Mouth Marketing」（WOMMA）

# 14 主要的網路廣告用語解說

網路廣告有各式各樣的種類，不過很多英文，不少人覺得不易理解。因為內容本身容易明白，所以在此整理了主要用語。

## 經常使用的網路廣告用語

曝光（Impression）
廣告的顯示次數。

CPM（Cost Per Mille）
每1000曝光的價格。

CPC（Cost Per Click）
每點擊1次的廣告成本。以成本／點擊數算出。

eCPM
（effective Cost Per Mill）
並非曝光課金的廣告CPM調整值。

CTR（Click Through Rate）
廣告顯示時被點擊的比率。以點擊數／曝光數算出。

CVR（Conversion Rate）
顧客轉換率。造訪網站的用戶之中，得出成果的比率。所謂Conversion，是藉由轉換要求資料或購買商品等。

CPA（Cost Per Action）
顧客獲得單價。獲得1件轉換所花的成本。

ROAS
（Return On Advertising Spend）
廣告費用對價。表示廣告每1日圓能獲得多少營業額。

CPV（Cost Per View）
廣告每收看1次的成本。影片廣告指標。

網路廣告的用語都是西洋文字，
注注讓人覺得很難，不過內容其實沒那麼難。
只要掌握基本的用語就很簡單喔。

### 網頁排名
（Google PageRank）
Google表示網頁重要度的指標。

### 連結價值（Link Juice）
網頁連結的價值，由量（接受連結的次數）×質（連結網站的品質與關聯性）來決定。

### PV（Page View）
頁面瀏覽次數。網頁被瀏覽的次數。

### UU（Unique Users）
單一用戶。造訪網頁的人數。同一網站無論同一個人造訪多少次，都計算為1個用戶。

### CPL（Cost Per Lead）
獲得一位潛在客戶（Lead）所花的成本。

## 純廣告相關的用語

### 純廣告（Pure Advertisement）
廣告主買下媒體的廣告框，刊登廣告主製作的廣告。以下皆為純廣告。

### 橫幅廣告
圖片構成的廣告。

### 文字廣告
文字廣告（文字與文章）構成的廣告。

### 人口統計
集中在特定地區的廣告，可以依IP位址或依都道府縣等。

### 目標選擇廣告
依照性別、年齡層等註冊資訊縮小發布目標的廣告。

### 區域目標選擇廣告
集中在特定地區的廣告，可以依IP位址或依都道府縣等。

### 行動目標選擇廣告
利用用戶的Cookie，根據搜尋記錄、網頁瀏覽記錄、廣告點擊記錄、商品購買記錄等發布的廣告。

### 指定時段發布廣告
在特定時間內發布的廣告。

### 電子郵件廣告
對登記發送電子郵件的用戶顯示的廣告。

網路技術的發展日新月異。
覺得很新的技術注注明天就過時了，
因此對於最新的技術
要時常提高警覺！

# 其他關鍵字

## 程序化購買
（Programmatic Buying）
也被稱為「運用型廣告」，橫幅等網路上的廣告框根據資料即時自動收購。具體而言，擁有廣告框的網站營運者或廣告主，在事前登記出價條件，作為目標的顧客連結到網站的瞬間廣告會自動出價，然後顯示得標的廣告。這種機制的市場規模，以每年超過50％急速成長中。

## 廣告驗證
（Ad Verification）
利用DSP（P.146）等發布的廣告，是否發布在會招致廣告主形象降低的網站，或者是否合適地刊登在用戶能辨識的地方，確認這幾點控制發布的廣告工具。只要利用這個，不僅能自動避免廣告顯示在違反公共秩序與善良風俗的網站上，而且只有消費者實際看到的曝光或

沒有滾動也顯示的範圍的曝光是廣告的課金對象。

## 歸因分析
（Attribution Analysis）
對於廣告等的一切接觸點、行動的最終成果，正確評價貢獻度的分析手法。例如，在許多網站的網路廣告上看到某件商品，剛好在好日子不由得看了廣告點擊購買時，最後看到的廣告的貢獻度不能算是100％。因為之前的廣告也轉換成貢獻度，所以它們也應該獲得評價，這就是歸因的觀點。

## 響應式網頁設計
（Responsive Web Design）
製作成電腦用的網頁，自動在手機或平板終端裝置等最佳化顯示的手法。以前在每種裝置都必須製作不

廣告並非只要發布就好，
控制刊登的媒體
避免毀損品牌也很重要。

同的網頁，不過藉由這個手法，網頁的配置設計會自動調整，所以只要單一的URL就能在多種裝置上最佳化顯示。

### 多媒體廣告
（Rich Media Advertising）

利用Flash廣告、聲音或影片的影片廣告，能接收用戶反應的互動式廣告。不過，過分華麗的演出或突然發出巨大聲音的廣告很容易激起用戶的反感。另外，由於資料量很多，如果裝置性能低，可能不適合通訊電路慢的國家或地方，有著這樣的缺點。

### 扁平化介面設計
（Flat UI Design）

在各媒體的畫面，用戶看到的外觀介面（UI）抑制華美裝飾性的單色、簡單、平面的設計。容易給人時髦洗鍊的印象。近年來，蘋果、微軟、Google等一齊將設計變更為扁平化設計。

# 社群媒體
# 平台式戰略是什麼？

　　這幾年，活用社群媒體行銷自家公司的動作變得顯著。因為比起活用搜尋引擎，一般認為朋友推薦對於購買行動會帶來極大的影響。然而，許多企業自家公司的臉書粉絲頁即使按讚數增加，銷售額仍舊沒有提升，經常聽到這種意見。

　　那麼，社群媒體無法提高企業的銷售額嗎？前哈佛商學院副教授皮斯科爾斯基（Piskorski）提倡了「社群媒體平台式戰略」，內容是「企業在社群媒體上協助人們與朋友交流，或是促進與新朋友認識，人們就會肩負企業進行的促銷活動」。（《ハーバード流ソーシャルメディア・プラットフォーム戦略（暫譯：哈佛式社群媒體平台式戰略）》朝日新聞出版）

　　換言之，許多企業之所以失敗是因為介入「朋友關係」強迫推銷。企業得先努力實現用戶的需求，才能獲得用戶的共鳴。

chapter.08

# 向強大企業學習
# 商業模式②

麻子小姐又去找惠美小姐玩，
和她聊了身邊的IT企業。
今天看來
要學習IT企業的商業模式。

# 01 免費的手機遊戲如何提高利潤？

在網路世界處處可見免費策略。手機遊戲的利潤藏有什麼祕密呢？

惠美小姐問道：「麻子小姐有玩過手機的免費遊戲嗎？」麻子小姐回答：「有啊。不過那個明明是免費，那要怎麼賺錢呢？」惠美小姐開始說明：「那是**免費策略**（P.58）呢。雖然免費，但是有一部分玩家付錢。10名玩家之中，只要有1人課金玩轉蛋，就會有足夠的盈利。」

## 免費遊戲賺錢的機制

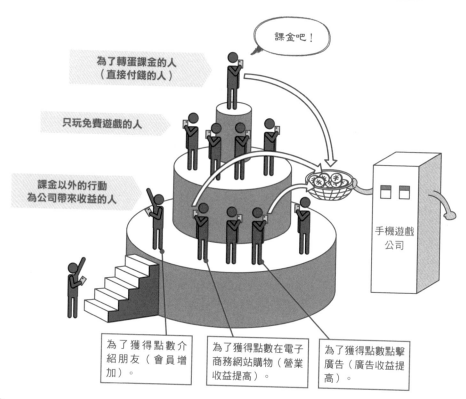

課金吧！

為了轉蛋課金的人
（直接付錢的人）

只玩免費遊戲的人

課金以外的行動
為公司帶來收益的人

手機遊戲
公司

為了獲得點數介紹朋友（會員增加）。

為了獲得點數在電子商務網站購物（營業收益提高）。

為了獲得點數點擊廣告（廣告收益提高）。

麻子小姐很吃驚：「只有1個人課金也能賺錢啊。」惠美小姐回答：「這是因為數位內容的複製成本很便宜。」因為「手機遊戲」是數位內容，所以無論多稀有的道具，也能只以資料的製作費複製。另外藉由遊戲免費，在社群網站上玩家會自動傳開，企業不必打廣告也是個優點。

## 免費手機遊戲的優點

### ①即使不打廣告在社群網站上玩家也會自動增加

遊戲玩家的好友增加後能獲得點數，或是能讓遊戲有利地進行，所以會積極地邀朋友來玩。

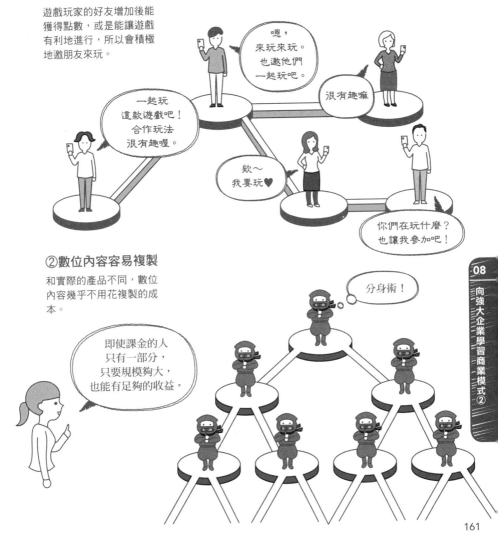

嗯，來玩來玩。也邀他們一起玩吧。

一起玩這款遊戲吧！合作玩法很有趣喔。

很有趣嘛

欸～我要玩♥

你們在玩什麼？也讓我參加吧！

### ②數位內容容易複製

和實際的產品不同，數位內容幾乎不用花複製的成本。

分身術！

即使課金的人只有一部分，只要規模夠大，也能有足夠的收益。

#  02 為何臉書可以快速成長？

2004年設立以來，達到快速成長的臉書。
它的背景有個劃時代的策略。

麻子小姐在臉書上傳訊息問惠美小姐：「妳知道臉書快速成長的原因嗎？」惠美小姐回訊給不知道原因的麻子小姐。「就是**開放式**。所謂開放式，是把自家公司擁有的場地（平台）開放給其他公司，藉此能提供服務給各種企業，設法強化場地。」

## 臉書的特色

臉書快速成長的原因是「實名制」和「開放式」。臉書進軍日本時，不少人對於容易找到個人資訊的實名制表示不安，但就結果而言，容易和實際的熟人和朋友聯絡，而且能擔保信用，所以也在日本急速擴散。

臉書具體的做法是，公開在臉書上啟動的遊戲軟體的規格。藉此，Zynga等許多企業開始提供遊戲App。結果，玩家開始邀請自己的朋友，臉書的會員數快速增加。此外，臉書為了增加內容，也向優秀的開發者與企業提供超過200億日圓的資金。

# 何謂開放式策略？

臉書在2007年進行開放，一口氣增加加入者，變成世界第一的社群網站。

## ●傳統

為了在臉書上提供遊戲等App，需要個別接受技術規格等概要，所以數量有限。

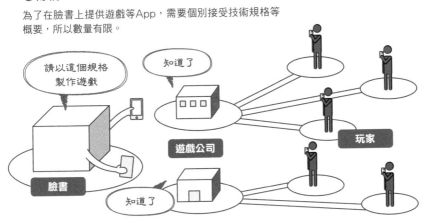

## ●開放式

藉由開放程式設計的規格（公開API，應用程式介面），許多企業開始在臉書上提供工具或遊戲App，內容快速增加。此外，由於準備了許多有目的地邀朋友遊玩的遊戲，因而增加了加入者。

# 03 利用平台式戰略® 快速成長的日本企業有哪些？

樂天是販售自家公司的商品嗎？
樂天賺錢的機制是什麼？

喜歡網購的麻子小姐，被惠美小姐問到：「妳知道樂天販售的自家公司的商品是什麼嗎？」她感到困惑。此外，「樂天本身沒有賣東西喔」這句話令麻子小姐相當震驚。樂天創造了「樂天市場」這個「場地＝平台」，讓許多人和企業參加，就能提供豐富的商品，這就是樂天採用的**平台式戰略®**。

## 樂天成功的2大理由

### ●便宜的開店費用

網路上傳統的市場開店費用很貴，門檻很高。由於樂天打破常規定價便宜，所以開店數量快速增加。

我們每個月只要5萬日圓！請務必開店。

那的確很便宜！請務必讓我們開店。

### ●打造由店家更新商品資訊的機制

以往在網站上傳資訊是由市場進行，所以反映需要花時間。因此樂天教育店家本身，讓店家能更新商品資訊。

這樣你們就能自己更新呢

是的。謝謝你們

平台式戰略®不執著於自家公司產品，這個觀點終究是提供顧客想要的東西，以顧客為對象提供自家公司的產品與服務。要在樂天的網站購買商品，必須成為樂天的會員。樂天讓全日本的零售店參加平台，藉此吸引用戶，增加自家公司的會員，此外還推出毛利高的樂天卡，引導用戶利用自家公司事業，獲取高收益。

## 樂天的平台式戰略®

※平台式戰略®是株式會社NetStrategy的註冊商標。

# 04 即使店家不宣傳 資訊也能自行擴散？

在現代想要善加宣傳，沒道理不去活用網路。網路時代獨有的行銷手法是什麼呢？

惠美小姐說：「近年來，活用社群網站、部落格與留言板等社群媒體的商業模式增加了」，麻子小姐答道：「像是GROUPON嗎？」GROUPON這個網站會在限制時間內介紹店家，想買優惠券的人聚集到一定數量後，就能便宜買到優惠券。GROUPON採用的這個手法稱為**快閃行銷**。

## 社群時代的「特賣」廣告

自古便有以「特賣」等為賣點的廣告手法，不過傳統的方法和快閃行銷的情況，機制完全不同。

● 傳統

數量限定的特賣品！請務必來店裡看看。

要是賣完就糟了，不要告訴其他人。

用傳單和廣告強調「特賣品」，讓衝著這個聚集過來的人，購買其他一般價格的商品的策略。不僅花費宣傳費，擴散力也弱，特賣品售完後效果就會減弱。

● 快閃行銷

半價啊。偶爾吃法國料理也不錯。分享吧。

如果24小時內吸引到50人，1萬日圓的全餐就只要5000日圓！

「24小時內吸引到50人就半價！」發現特賣消息後，想要的人會向大家宣傳，自己也會有好處。因此即使店家沒有動作，資訊也會透過社群網站自然擴散。

在快閃行銷，顧客向別人越是宣傳優惠券，自己也會有越多好處，所以會積極地在社群媒體上幫忙宣傳。顧客能便宜取得優惠券，店家也不用付高額廣告費就能為店鋪宣傳，因此雙方都有好處。另外，店家不用努力宣傳也會自動擴散，這也是個優點。

# 快閃行銷的機制（好處）

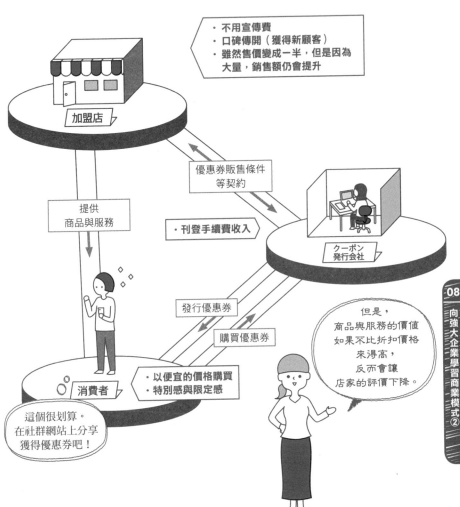

# 日本的家元制度是
# 平台式戰略®？

「家元制度」是日本的傳統制度，可說是非常優秀的商業模式。弟子向家元學習茶道或花道等技術，最後取得師父的執照，自己就能收徒弟開教室。換言之，能一邊享受一邊學習，這是也與商業有關的機制。

最近稱為新家元制度，培養串珠等興趣的講師的事業也登場了。作品會在百貨公司販售，尤其評價高的，還會用於時裝秀。

雖然家元制度和超商的加盟也很像，不過如果是加盟，你不會邀朋友：「要不要加盟？」然而，在家元制度變成師父後，可以勸誘朋友和熟人當學生，因此家元的流派的弟子會自動地不斷增加。

創造「場地＝平台」吸引人，繼續獲得利潤，由此可見家元制度是日本自古以來的平台式戰略®。

chapter.09

# 服務行銷與
# 直接行銷

景子小姐

麻子小姐
也想了解服務行銷，
她決定去拜訪經營咖啡廳等
多家店鋪的景子小姐。

# 01 服務有 4大特性

在服務業界，進行和廠商不同的行銷方式。

麻子小姐聽到「**服務行銷**」這個詞語。這似乎是服務業的用語，或許對於經營花店有幫助，她感到很在意，於是向經營咖啡廳等多家店鋪的景子小姐詢問，得到的回答是：「所謂服務行銷，是服務業（或是與產品為一組的服務）的相關行銷，需要和商品的行銷不同的接觸方式。」

## 服務的4大基本特性

所謂服務行銷，是服務業或與產品為一組的服務的相關行銷，擁有以下4種基本特性。

最近蓋好的這間醫院名稱很不吉利呢，是醫生的名字嗎…？

**①無形性**
服務沒有形體，在購買前無法看到。像醫院的情況，不知道哪樣的醫師會為我們如何診斷治療。為了消除不安，買方會要求證明服務的品質。

這裡的美容師技術很不錯，不過很難預約呢…

**②同時性、不可分割性**
生產與消費同時發生（生產與消費無法劃分），所以提供服務的能力有限。因此，受歡迎的服務提供者被要求「同時提供給多人」、「能短時間內有效率地提供相同服務」等。

話說服務具有4大特性：①無形性（因為沒有形體，所以提供服務前必須證明品質）；②同時性、不可分割性（生產與消費同時發生，因為提供服務的能力有限度，所以需要效率化等）；③異質性（因為每位顧客的要求都不一樣，所以必須下工夫讓滿意度一致）；④不可儲存性（服務不能儲存）。服務行銷必須考慮這幾點再進行。

# 02 在服務業界 並非4P，7P才是基本？

在服務業界，行銷的4P再加上3個「P」，「7P」才是基本。

行銷的4P是產品（Product）、價格（Price）、流通（Place）、宣傳（Promotion），這些麻子小姐已經學過了。不過景子小姐說：「不同於販售商品的服務行銷的基本，還要再加上3個變成**7P**喔。」這個觀點是在1981年由經營學家柏納德·博姆斯（Bernard H. Booms）和行銷學家瑪麗·比特納（Mary Jo Bitner）所提倡。

## 服務行銷的7P是什麼？

不同於販售商品的服務行銷為了接觸客戶，需要基本的「服務行銷的7P」。

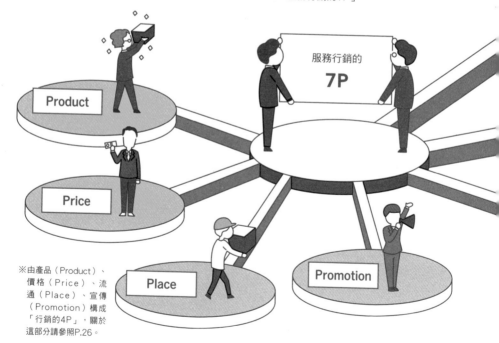

※由產品（Product）、價格（Price）、流通（Place）、宣傳（Promotion）構成「行銷的4P」，關於這部分請參照P.26。

全新加上的3個P如同後述：①參與人員（Participants／不只顧客，也包含提供服務的工作人員。有時不說「參與人員」，而是說成「人（People）」）；②有形的展示（Physical Evidence／使用的材質、顏色、照明或溫度等）；③服務過程的組合（Process of Service Assembly／方針、步驟、生產與交貨管理、教育和獎勵制度等）。這7個都要記起來。

173

# 03

## 測量服務品質的5個項目

服務不會化為形體留下。因此,想出了測量品質的獨特方法。

麻子小姐逐漸理解服務行銷,她想到一件事:「評價服務品質的方法也是需要的吧?」於是景子小姐開口說了**SERVQUAL模型**的品質評價方法。「這是1988年行銷學家A・帕拉蘇拉曼(A. Parasuraman)和L・貝瑞(L. Berry)等人創造出來的方法,首先他們的定義是,『顧客的期待與實際的服務之間的反差決定了品質』。」

## 服務品質的5個測量項目

SERVQUAL模型是為了提升服務品質所創造出來的品質評價手法。

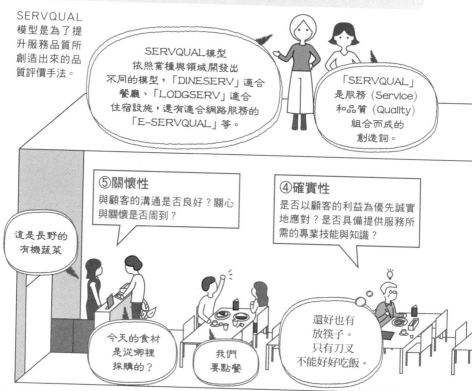

SERVQUAL模型
依照業種與領域開發出
不同的模型,「DINESERV」適合
餐廳、「LODGSERV」適合
住宿設施,還有適合網路服務的
「E-SERVQUAL」等。

「SERVQUAL」
是服務(Service)
和品質(Quality)
組合而成的
創造詞。

⑤關懷性
與顧客的溝通是否良好?關心與關懷是否周到?

④確實性
是否以顧客的利益為優先誠實地應對?是否具備提供服務所需的專業技能與知識?

這是長野的有機蔬菜

今天的食材是從哪裡採購的?

我們要點餐

還好也有放筷子。只有刀叉不能好好吃飯。

景子小姐繼續說：「根據這個定義，依照5個項目測量品質。」這5項是，①有形性（實際上的服務品質是否充分？）；②可靠性（是否確實執行？）；③回應性（是否及時提供？）；④確實性（是否誠實應對？提供者是否具備技能與知識？）；⑤關懷性（與顧客的溝通是否良好？）。此外，SERVQUAL模型也依照業種與領域開發。

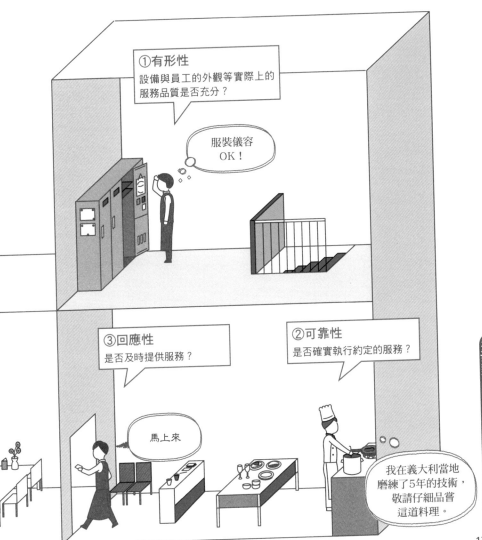

# 04 人才培育對於服務不可或缺

服務是由人提供給顧客，
因此培育員工和「幹勁」非常重要。

「理想的服務型態和評價方式都逐漸看清了。那麼就必須有能夠實現的員工呢。」麻子小姐深切地感受。於是景子小姐告訴她：「從經營者到員工，為了在公司內部整體提高行銷的意識，對內部進行的正是**內部行銷**。」服務是由人所提供，因此人才培育、啟蒙和動機形成不可或缺。

## 3者湊齊才會順利

在服務行銷，藉由與「內部行銷」、「外部行銷」、「互動行銷」這3者連動，顧客、員工、企業這三方都能獲得利益。

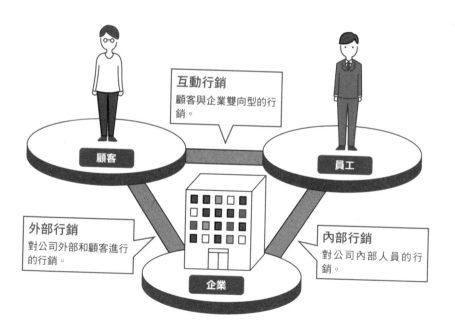

互動行銷
顧客與企業雙向型的行銷。

顧客

員工

外部行銷
對公司外部和顧客進行的行銷。

內部行銷
對公司內部人員的行銷。

企業

具體而言，內部行銷是藉由下述的 7 個方法進行。①採用積極主動優秀的人才；②提供願景為員工帶來服務的目的與意義；③實施訓練；④強調團隊合作；⑤給予員工自由裁量權；⑥給予適當的報酬；⑦根據調查進行職務設計。卓越的服務是從職員的幹勁產生的。**行銷的對象不只是消費者**。

## 內部行銷的7個方法

內部行銷是藉由以下7個方法進行。

我對於經驗很有自信。覺得這是我的天職。

採用！

❶「想提供給顧客最棒的服務」，採用有這種想法的積極主動優秀的員工。

最棒的成果是顧客的笑容！

我也這麼覺得！

❷提出願景，為員工帶來提供服務的目的與意義。

請務必告訴我

這個也記住後工作的自由度就會擴大。

今天也沒有事故，加油吧！

喔～！

嗯。不錯的判斷

我推薦這個給客人

❹強調團隊合作。

❸為了讓員工能提供高品質的服務，實施訓練讓他們學會技術與知識。

❺給予員工服務的自由裁量權。

加薪！

非常感謝您！

你經驗豐富，就由你管理外場人員。

是！

❻評價員工，給予和表現相稱的報酬。

❼根據調查，進行職場與員工的職務設計。

# 05 員工滿意衍生出顧客滿意

員工滿意衍生出顧客滿意，最終企業的業績也會提升。這不僅限於服務業。

麻子小姐了解到要提供服務，就必須留意顧客與員工雙方。景子小姐更進一步傳授**服務利潤鏈**。「這是詹姆斯・L・赫斯克特（James L. Heskett）教授等人提倡的框架，『**員工滿意（ES）**越高，**顧客滿意（CS）**也會越高，企業利潤也會提高』，揭示了這種因果關係。」具體而言沿著以下的循環。

## 何謂服務利潤鏈？

所謂服務利潤鏈，是指提高ES後CS和企業業績也會提高的因果關係。

①薪水與福利待遇越高，員工滿意度就會提高→②員工對企業的忠誠度提高→③員工的生產性提高→④服務品質提高→⑤顧客滿意度提高→⑥顧客對企業的忠誠度提高→⑦回頭率提高，藉由口碑評價傳開後，企業的業績就會提升──業績提升帶來的利潤能回到員工手上，因此回到①，一邊升級一邊繼續循環。

# 06 企業提供的一切都是服務？

企業提供的一切都是服務。服務主導邏輯是改變對顧客看法的邏輯。

麻子小姐對於服務加深了理解，景子小姐針對動搖想法的概念「**服務主導邏輯**」開口說道：「這是夏威夷大學的史蒂芬·瓦戈（Stephen L. Vargo）教授等人提倡的全新行銷概念，服務和商品並非不同的東西，而是視為一體，作為對顧客提供價值所構思的概念。可說是將企業提供的一切都視為『服務』、『行為』的看法。」

## 何謂服務主導邏輯？

相對於傳統的行銷將服務與商品分開思考，服務主導邏輯將服務與商品視為一體。

●傳統的想法

一般認為顧客付錢獲得東西（有形的商品），藉此企業與顧客之間進行價值交換（＝商品主導邏輯）。

●服務主導邏輯

將服務與商品視為一體。此外，顧客並非「購買的人」，而是視為「使用的人」，想成一起產生價值的「價值生產者」。

景子小姐繼續說：「顧客並非購買者，而是視為使用者，只要按照重視『使用價值』的邏輯，事業發展也會改變。例如販售登山用品，不只販售登山用的裝備等，也一併提供避免惡劣天氣或遇難危險的App⋯⋯另外，**顧客並非只是消費者，視為一起產生價值的生產者**也是特色。徵求顧客的點子有助於服務提升呢。」

## 服務主導邏輯的觀點

根據服務主導邏輯思考事業，發展方法將會改變。

●跑鞋的例子

在前面的慢跑休息站換衣服吧

和鞋子一起提供的App很方便呢⋯

不只是販售鞋子⋯

例如跑鞋，不只是販售鞋子，也提供可用於更衣的慢跑休息站，或是提供記錄跑步距離等的App。

●亞馬遜「Kindle」的例子

想看的作品有這麼多！

下載也很簡單

並非靠裝置賺錢⋯

亞馬遜的「Kindle」並非販賣裝置獲得利潤，而是藉由能輕易下載電子書的服務來賺錢。

# 07 直接行銷是什麼？

近年來，由於網路的普及與擴大，
直接行銷更加受到矚目。

「所謂**直接行銷**，是指產品與服務的提供者透過廣告媒體直接對顧客進行宣傳，並獲得反應的手法。也稱為**無店鋪銷售**。」景子小姐說。它的起源是在美國的種苗的郵購販賣，因此夢想開花店的麻子小姐興致勃勃！具體而言，有網路郵購、夾入廣告、電話行銷、上門推銷、網路購物等。

## 主要的直接行銷

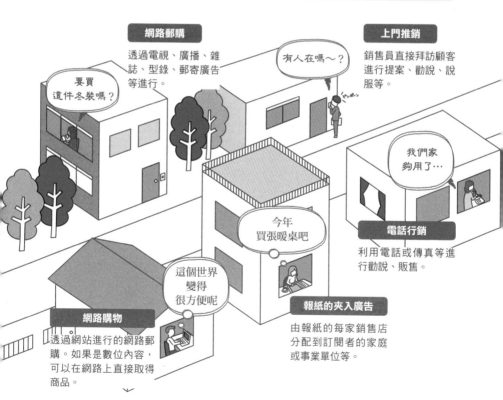

**網路郵購**
透過電視、廣播、雜誌、型錄、郵寄廣告等進行。

要買這件冬裝嗎？

有人在嗎～？

**上門推銷**
銷售員直接拜訪顧客進行提案、勸說、說服等。

我們家夠用了…

今年買張暖桌吧

**電話行銷**
利用電話或傳真等進行勸說、販售。

這個世界變得很方便呢

**報紙的夾入廣告**
由報紙的每家銷售店分配到訂閱者的家庭或事業單位等。

**網路購物**
透過網站進行的網路郵購。如果是數位內容，可以在網路上直接取得商品。

在直接行銷，根據顧客的反應進行區隔，每個部分也是藉由提供有效的訊息，便能獲得更好的反應。並且，每個部分都要研究合適的媒體、報價和創意。在網路世界，藉由電子報會員和社群網站會員建立並活用資料庫的形式逐漸普及。

## 直接行銷的4大要素

在鮑伯‧史東（Bob Stone）和羅恩‧雅各布斯（Ron Jacobs）的行銷學教科書《Successful Direct Marketing Methods（暫譯：成功的直接行銷方法）》，舉出了直接行銷的要素有「名單」、「時機」、「創意」、「給予」這4項。

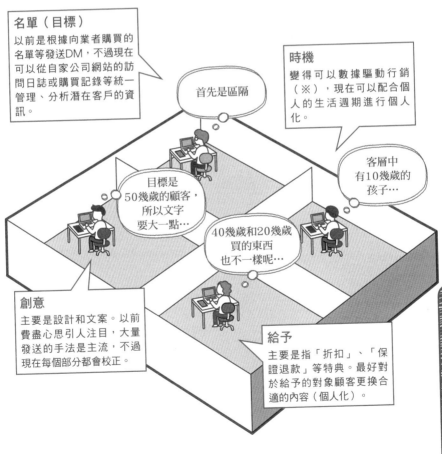

**名單（目標）**
以前是根據向業者購買的名單等發送DM，不過現在可以從自家公司網站的訪問日誌或購買記錄等統一管理、分析潛在客戶的資訊。

首先是區隔

**時機**
變得可以數據驅動行銷（※），現在可以配合個人的生活週期進行個人化。

客層中有10幾歲的孩子…

目標是50幾歲的顧客，所以文字要大一點…

40幾歲和20幾歲買的東西也不一樣呢…

**創意**
主要是設計和文案。以前費盡心思引人注目，大量發送的手法是主流，不過現在每個部分都會校正。

**給予**
主要是指「折扣」、「保證退款」等特典。最好對於給予的對象顧客更換合適的內容（個人化）。

※數據驅動行銷…重點擺在活用數據的行銷手法。

# 08 藉由煽動和共鳴打動用戶的心

販售商品用的廣告函也有框架。那就是PASONA法則。

「販售商品用的網頁和廣告函以怎樣的構成才好呢？」對於麻子小姐的疑問，景子小姐回應：「商人神田昌典先生提倡的框架**PASONA法則**回答了這個問題喔。」這個法則把焦點放在用戶的煩惱與課題，藉由解決方案推薦商品與服務。PASONA型的文章結構如以下流程。

## PASONA法則的例子

PASONA法則是藉由販售商品用的網頁和廣告函等發揮效果的框架。也經常用在健康食品等購物廣告。

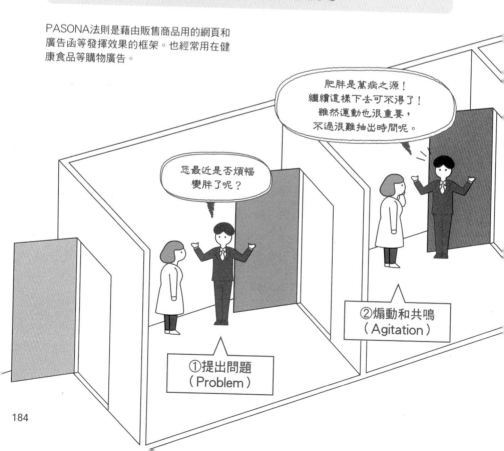

①表示煩惱、不安、不平、不滿並提出問題（Problem）；②煽動「這樣會很不得了」，引起共鳴（Agitation）；③介紹商品和它的功能等作為問題解決方案（Solution）；④藉由折扣和特典促進購買或行動（Narrow Down, Action）。尤其藉由②的煽動和共鳴一邊貼近用戶一邊挖掘潛在需求，引導購買正是重點。但是，過度煽動顧客也有可能長期失去信賴，因此必須謹慎進行。

# 09 如何提高轉換率？

經營電子商務網站時，最重要的轉換率該如何提升呢？

麻子小姐也很在意網路廣告，景子小姐指導她：「為了提高在到達網頁（※）的轉換率，進行網頁最佳化＝**LPO**非常重要呢。」換言之，要求的網頁內容必須依照點擊的人的動機與目的。此外，到達網頁要製作成能購買商品的網頁。如果做成企業的首頁，用戶就很有可能中途離開。

## 何謂LPO？

在LPO，如何提高轉換率的工夫與文案非常重要。主要構成如同下述。

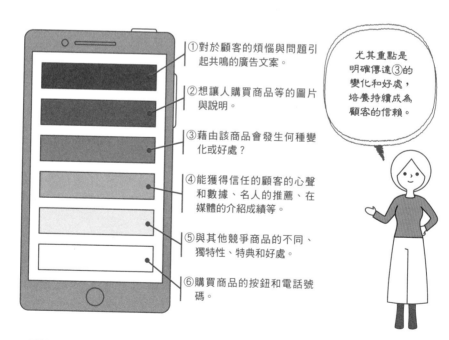

①對於顧客的煩惱與問題引起共鳴的廣告文案。

②想讓人購買商品等的圖片與說明。

③藉由該商品會發生何種變化或好處？

④能獲得信任的顧客的心聲和數據、名人的推薦、在媒體的介紹成績等。

⑤與其他競爭商品的不同、獨特性、特典和好處。

⑥購買商品的按鈕和電話號碼。

尤其重點是明確傳達③的變化和好處，培養持續成為顧客的信賴。

※到達網頁…點擊廣告或搜尋結果的人最初看到的網頁。

186

# 文案的訣竅是什麼？

在行銷中文案極為重要。然而，大學和商學院幾乎不會教到。

聽了LPO的麻子小姐煩惱著：「該怎麼寫文案才好呢？」景子小姐給她建議：「所謂**文案**是把產品和服務傳達給顧客的技術。為此，得先決定要以誰為目標、如何定位自家公司的商品（差異化）。思考文案時**PREP法**也很有效。以平易的文章，實際在腦中描繪形象正是重點。」

## 何謂PREP法？

PREP法原本是有邏輯地說話的手法。把想到的點子依下列順序寫成文章，點子就會具體化。

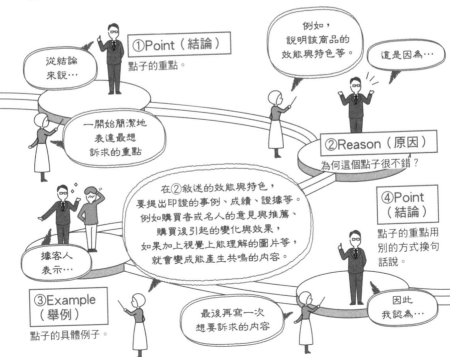

①Point（結論）
點子的重點。

從結論來說…

一開始簡潔地表達最想訴求的重點

例如，說明該商品的效能與特色等。

這是因為…

②Reason（原因）
為何這個點子很不錯？

在②敘述的效能與特色，要提出印證的事例、成績、證據等。例如購買者或名人的意見與推薦、購買後引起的變化與效果，如果加上視覺上能理解的圖片等，就會變成能產生共鳴的內容。

④Point（結論）
點子的重點用別的方式換句話說。

據客人表示…

③Example（舉例）
點子的具體例子。

最後再寫一次想要訴求的內容

因此我認為…

09 服務行銷與直接行銷

◎ **主要参考文献**

『カール教授のビジネス集中講義　経営戦略』
平野敦士カール 著（朝日新聞出版）

『カール教授のビジネス集中講義　ビジネスモデル』
平野敦士カール 著（朝日新聞出版）

『カール教授のビジネス集中講義　マーケティング』
平野敦士カール 著（朝日新聞出版）

『カール教授のビジネス集中講義　金融・ファイナンス』
平野敦士カール 著（朝日新聞出版）

『マジビジプロ 図解　カール教授と学ぶ成功企業 31 社のビジネスモデル超入門！』
平野敦士カール 著（ディスカヴァー・トゥエンティワン）

『大学 4 年間の経営学見るだけノート』
平野敦士カール 著（宝島社）

## PROFILE

### 平野敦士卡爾 （Carl Atsushi Hirano）

生於美國伊利諾州。東京大學經濟學部畢業。株式會社NetStrategy代表董事社長、社團法人平台戰略協會代表理事。經歷日本興業銀行、NTT Docomo等單位服務經驗，2007年與哈佛商學院安德烈‧哈邱（Andrei Hagiu）副教授一同創立管理諮詢與研修公司— 株式會社NetStrategy，擔任社長一職。曾任哈佛商學院邀請講師、早稻田大學MBA客座講師、BBT University教授、樂天Auction董事、淘兒唱片董事、Docomo.com董事等職位。著有『平台戰略』（共著，東洋經濟新報社）、『商業模式超入門！』（Discover21）、『新‧平台思考』、『卡爾教授的商業集中講義』系列之「經營戰略」、「商業模式」、「行銷」、「金融‧財政」（以上為朝日新聞出版）等多部著作。

## TITLE

### 睡不著時可以看的行銷學

## STAFF

| | |
|---|---|
| 出版 | 瑞昇文化事業股份有限公司 |
| 監修 | 平野敦士卡爾 |
| 譯者 | 蘇聖翔 |
| 總編輯 | 郭湘齡 |
| 責任編輯 | 蕭妤秦 |
| 文字編輯 | 張聿雯 |
| 美術編輯 | 許菩真 |
| 排版 | 二次方數位設計　翁慧玲 |
| 製版 | 印研科技有限公司 |
| 印刷 | 桂林彩色印刷股份有限公司 |
| | 綋億彩色印刷有限公司 |
| 法律顧問 | 立勤國際法律事務所　黃沛聲律師 |
| 戶名 | 瑞昇文化事業股份有限公司 |
| 劃撥帳號 | 19598343 |
| 地址 | 新北市中和區景平路464巷2弄1-4號 |
| 電話 | (02)2945-3191 |
| 傳真 | (02)2945-3190 |
| 網址 | www.rising-books.com.tw |
| Mail | deepblue@rising-books.com.tw |
| 初版日期 | 2022年5月 |
| 定價 | 380元 |

## ORIGINAL JAPANESE EDITION STAFF

| | |
|---|---|
| 編集 | 坂尾昌昭、小芝俊亮（株式会社G.B.）、平谷悦郎 |
| 本文イラスト | フクイサチヨ |
| カバーイラスト | ぷーたく |
| カバー・本文デザイン | 別府拓（Q.design） |
| DTP | くぬぎ太郎、野口暁絵（TARO WORKS） |

國家圖書館出版品預行編目資料

睡不著時可以看的行銷學/平野敦士卡爾監修 ;蘇聖翔譯. -- 初版. -- 新北市:瑞昇文化事業股份有限公司, 2022.03
192面 ; 14.8 x 21公分
譯自 : 大学4年間のマーケティング見るだけノート
ISBN 978-986-401-547-4(平裝)

1.CST: 行銷學

496                                      111001826

大学4年間のマーケティング見るだけノート
(DAIGAKU 4 NENKAN NO MARKETING MIRU DAKE NOTE)
by
平野 敦士 カール